宇宙探秘历险记

外太空的征程

 墨子沙龙 著

人民邮电出版社
北 京

图书在版编目（CIP）数据

宇宙探秘历险记. 外太空的征程 / 墨子沙龙著.
北京 ：人民邮电出版社，2025. --（爱上科学）.
ISBN 978-7-115-65950-7

Ⅰ. P159-49

中国国家版本馆 CIP 数据核字第 2025WG5707 号

内 容 提 要

　　本书图文并茂，通过小酷、甜甜、阿亮 3 位小主人公的探险经历，介绍了宇宙诞生的故事。书中从太空垃圾清理的紧迫任务到火星探险的壮丽旅程，再到对宇宙起源与演化的深刻探讨，引领读者穿越时间与空间的界限，探索未知世界的奥秘。本书不仅介绍了万有引力、宇宙速度等基础科学理论，还详细记录了中国航天的发展历程，特别是中国载人航天的辉煌成就。同时，本书通过生动的案例和笔记，展现了航天员在太空中面临的种种挑战与考验，让读者深刻体会中国航天发展中的艰辛与伟大。本书适合热爱科学的青少年阅读。

◆ 著　　　　　墨子沙龙
　　责任编辑　　胡玉婷
　　责任印制　　马振武

◆ 人民邮电出版社出版发行　　北京市丰台区成寿寺路 11 号
　　邮编　100164　　电子邮件　315@ptpress.com.cn
　　网址　https://www.ptpress.com.cn
　　北京瑞禾彩色印刷有限公司印刷

◆ 开本：700×1000　1/16
　　印张：8.75　　　　　　　　　2025 年 7 月第 1 版
　　字数：120 千字　　　　　　　2025 年 7 月北京第 1 次印刷

定价：59.80 元

读者服务热线：**(010)53913866**　印装质量热线：**(010)81055316**
反盗版热线：**(010)81055315**

谨以此书献给蒋济如，我们永远怀念你！

推荐序

面对浩瀚无垠的宇宙，人们总是会对星空中那些遥不可及的天体充满无尽的好奇与向往。古往今来，我们仰望繁星，探索未知，不断努力，试图揭开宇宙的神秘面纱。《宇宙探秘历险记》（全两册）正是一套带领我们穿越时空、探索宇宙奥秘的科普读物。在这套书中，我们将跟随墨子沙龙科普社团的3位小主人公——小酷、甜甜、阿亮，一起踏上一段又一段惊心动魄的探险之旅，从地球出发，飞向太空，探索人类目前认知中的宇宙边界。

宇宙的奇迹与人类的探索

宇宙，这个古老而神秘的存在，自诞生之日起就承载着无数的奇迹。它是如此浩瀚，以致我们穷尽一生也无法窥其全貌；它又是如此神秘，以至我们每一次的发现都只是揭开了它神秘面纱的一角。然而，正是这种未知的魅力，激发了人类探索宇宙的无限热情。

人类对宇宙的探索从未停止。从古人第一次仰望夜空，记录星辰的演变，到哈勃空间望远镜揭示宇宙膨胀的秘密；从阿波罗登月计划实现人类首次踏足月球，到"旅行者号"探测器飞出太阳系内沿，每一次的突破都标志着人类文明的进步。时至今日，人类依然能够发现尚难理解的天体现象，不断地刷新我们对宇宙的认知。

在这套书中，作者通过一系列生动的故事，结合3位小主人公的虚拟现实经历，带领读者体验宇宙探索的乐趣。从宇宙大爆炸的震撼场景，到神秘莫测的黑洞；从月球的荒凉表面，到火星的红色沙丘……书中主人公们的每一次探险都是对未知世界的一次深刻洞察。跟随书中主人公们探索的脚步，我们将回顾人类科技发展史中的重要瞬间，并介绍当前宇宙探索的最新进展。在书中，我们还将重现中国"嫦娥六号"全球首次月背采样返回、"天问一号"火星探测、航天员驻守中国空间站等重大事件，感受中国航天科技的飞速发展。

宇宙中充满了神秘的奇观。随着故事的推进，我们将在这套书中一起探索宇宙中的各种奇妙现象，如流星雨、陨石、黑洞、引力波等。通过"笔记"和"小课堂"等形式，书中的主人公们为大家展现了这些奇观背后的科学原理，让读者对宇宙有了更加深入的了解。其中，令我感受深刻的内容包括：主人公们以玩游戏的形式，让读者沉浸式体验到了太空垃圾清理任务的紧迫，并详细地介绍了万有引力、宇宙速度等基础科学理论。我们还将跟随着主人公们一起飞向火星，去探索这个红色星球的秘密，飞出太阳系去寻找系外生命的踪迹。

科学的力量与全人教育

从古老的观星占卜，发展到如今的天文学，我们逐渐发现科学研究是探索宇宙最有力的途径。在本套书中，作者不仅介绍了宇宙的起源和演化，还详细记录了航天发展的辉煌历程，尤其是中国载人航天的辉煌成就。在人类历史发展中，科学精神是推动人类社会进步的重要力量。书中3位主人公的探险故事不仅传播了科学知识，还能培养读者的科学精神，让大朋友、小朋友们都能敢于质疑、勇于探索和创新，培养批判性思维和解决问题的能力。

全人教育的意义在于启迪心智、激发潜能、探索未知。《宇宙探秘历险记》（全两册）不仅是一套科普读物，更是科学教育的媒介。本套书通过玩游戏和闯关的形式，让科学知识变得生动有趣且充满人文关怀，让学习成为一种享受。我们相信，每一个孩子都是天生的探险家，他们的好奇心和探索精神是推动科学进步的原动力。未来，宇宙探索将更加深入和广泛。随着科技的发展，我们有望揭开更多宇宙的奥秘，甚至可能找到外星生命。我们也期待新一代的科学家、探险家，能够继承前人的火炬，继续在宇宙探索的道路上勇往直前。

《宇宙探秘历险记》（全两册）是一套充满激情和智慧的科普读物。它不仅能为读者提供丰富的科学知识，还能激发他们对宇宙探索的无限想象。希望每一位读者都能在这套书中找到属于自己的星辰大海，开启一段属于自己的科学探险之旅。让我们一起跟随小酷、甜甜、阿亮的脚步，冲出地球，飞向太空，探索宇宙的奥秘，书写属于我们这个时代的科学传奇。在这段旅程中，我们不仅能收获知识，还能收获勇气和梦想。让我们以饱满的热情、不懈的努力，迎接每一个清晨和黄昏，用智慧和勇气书写属于我们这一代的故事。

蔡一夫

中国科学技术大学物理学院天文系教授

自序

　　墨子沙龙自2016年成立以来，通过讲座、视频、网络公开课、科普订阅号等多种形式开展科普活动。青少年是墨子沙龙观众中最引人注目的群体，有些墨子沙龙的"老观众"提出的问题让科学家都惊叹不已。青少年也是墨子沙龙观众中备受重视的群体，墨子沙龙在筹备活动期间都会与受邀的嘉宾充分沟通，其中一个几乎不变的要求就是嘉宾的讲座内容不能太深奥，要让中学生能听懂。

　　我们很早就打算以青少年为主角，为他们撰写有趣的科普故事。最初我们的计划是创作一系列脑洞大开的穿越故事，让3位主人公与历史上的杰出科学家会面并参与他们的科学研究；同时也能穿越到未来，在太阳系末日时刻与时间展开紧张刺激的追逐，为拯救地球文明而战。然而由于种种原因，这些天马行空的想法在实施时遇到了一些挑战，幸运的是在出版社编辑的启发和协助下，我们逐步构建了现在的故事框架，并保留了我们最初钟爱的情节。遗憾的是，我们忍痛放弃了太阳系末日时刻与时间追逐的精彩场面及一些角色，但3位主人公始终没变。假设他们从我们动笔那年（2018年）开始上初中，现在都该上大学了，然而故事中的他们仍然还在上初中预备班。另外，我们还增加了新的角色，以纪念曾经为这套书付出努力的同事。

　　在这套书的写作过程中，世界也发生了巨大的变化，我们决定将这些变化融入书中。例如，2019年全球首张黑洞照片的发布，我们在看到新闻的那一刻就决定将其纳入故事中。随后黑洞照片的每一次更新都被我们记录在了故事里。从2018年至2024年，我们见证了中国航天科技的飞速发展："嫦娥六号"全球首次月背采样返回、"天问一号"火星探测、航天员驻守中国空间站等。科技的飞速进步也推动着我们不断地更新内容，力争展示最前沿的成果，激发青少年的爱国情怀，培养他们对科学的兴趣，鼓励他们树立勇于探索的信念。

墨子沙龙

2024年8月

目录

Chapter 01
第一章
冲出地球：我在太空捡垃圾

　　下午3点20分，下课的铃声响起，科华学校走廊里人头攒动，校园变得热闹起来。学生们有的背着书包，有的只拿着几本书，还有的背着乐器……午后的阳光照得他们的脸庞闪闪发光。

　　一个男孩和一个女孩站在六年级三班的门口，男孩冲着教室里喊："小酷，快点儿！"教室里那位叫小酷的男孩一边应着，一边不慌不忙地收拾文件袋。小酷是他的小名，他的本名是陈嘉科。因为在上海话中"科"的发音类似"酷"，所以陈嘉科的家人和好朋友都喜欢亲切地称他为小酷。此刻在门口等待的男生罗亮和女生刘星恬来自六年级二班，他们和陈嘉科是青梅竹马的好朋友，3人虽然性格不同，却相处得十分融洽。罗亮小名阿亮，是个急性子；刘星恬小名甜甜，虽然她是3人中年龄最小的，却是最有威信的，颇有大姐风范。小酷拿上文件袋与两位好友会合，3人有说有笑地汇入了奔走的人群。

　　不一会儿，走廊上的学生渐渐散去，他们散入了各个特色教室、室内体育馆和操场。待到铃声再次响起，校园又恢复了平静，科华学校的社团活动开始了。

　　小酷、阿亮和甜甜参加的是墨子沙龙科普社团。墨子沙龙多年来致力于举办各种科普活动，探索不同的科普模式。进入校园开展社团活动是他们的最新尝试，他们的上课形式也非常特别——采用虚拟现实（VR）的游戏方式授课。由于报名者众多，他们3人通过了"摘星""陨石猎人"两项游戏挑战才成功加入墨子沙龙科普社团。转眼半个学期过去了，3人组成的探索者小队在游戏中获得了丰富的体验，他们在游戏中去过400年前的意大利，"亲历"了伽利略制作天文望远镜的过程，到过百年前的威尔逊山之巅，"见证"了天文学家哈勃发现宇宙秘密的高光时刻。墨子沙龙科普社团虽然采用虚拟现实的游戏方式授课，但也配备了专职老师，蒋老师会在游戏体验部分结束后，组织讨论及进行一些补充讲解。

上一次课上，探索者小队完成了"寻找黑洞"的游戏挑战，其他小队也陆续完成了各自的任务，上半学期的课程就此告一段落。按照计划，接下来他们将离开"地球"，进入广阔的"太空"。

齐奥尔科夫斯基说过："地球是人类的摇篮，但人类不可能永远生活在摇篮里。"载人航天的发展，在人类逐梦星辰大海的道路上树起了一座丰碑。虽然人类为了完成这一步经历了无数坎坷，但在墨子沙龙科普社团的课程学习中，从地球到太空，只隔了一个星期。因为意义非凡，小酷对此格外期待，觉得这一周过得格外漫长。

这一天终于到来了。

小酷穿着厚厚的太空服，整个身体被安全带固定在座椅上，蒋老师按下游戏的"开始"键，系统开始倒计时。

"3……2……1……发射！"小酷听到了"隆隆"的点火声，他感到一股巨大的压力，好像要把他全身的骨骼都压碎。从舷窗玻璃的反光中，他看到了自己被挤压得变形的脸，同时他感觉他的五脏六腑都要碎裂了。

忽然，小酷全身放松了，座椅安全带被解开了，他在空中飘浮起来。飞船已经冲出了地球的大气层，正在绕着地球飞行。他隔着舷窗回望蓝色星球，轻声感叹："我们的家园多么美丽啊。"

这时，一个食品包装袋飞到了舷窗上，又被风吹走了。

"嗯？好像不太对劲。"小酷来不及细想太空中为什么会有包装袋，近乎真空状态下为什么会有风？他只觉得飞船一阵摇晃。

"咣当""噼里啪啦"，不断有东西撞到飞船上，有的甚至擦出了火花。小酷在飞船里被晃得飞来飞去，他努力地拽住舱内把手，先稳住自己，再一点点儿地挪到窗边。

外面的景象让他惊呆了。

塑料袋、易拉罐、便当盒、吃剩的苹果核，各种各样的人类制造的垃圾飘满了太空，甚至还有由压缩垃圾组成的垃圾小行星，不断从飞船旁飞过。小酷吓坏了，他赶紧回到驾驶位置，握住操纵杆，左躲右闪。然而，垃圾小行星越来越多、体积越来越大，终于，一个比飞船大好多倍的垃圾小行星迎面飞来。

"啊——"小酷一下子醒了过来，发现这只是一个梦。他出了一身冷汗，心脏扑通扑通跳个不停。还有一小时才到起床时间，小酷却怎么也睡不着了。

小酷梦中的太空垃圾

这天下午，当甜甜和阿亮在小酷教室门口见到他的时候，被他那两个明显的黑

眼圈吓了一跳。

"小酷，你不舒服吗？"甜甜有点儿担心地问。

"没事儿，就是早上做了个梦，有点儿没睡好。"小酷挤出一个微笑安慰着伙伴们。

蒋老师在看到小酷的时候，也吃了一惊，但听小酷讲述完他的梦后，她忍不住笑了起来。

"看来陈嘉科同学和我们墨子沙龙的游戏制作组心有灵犀啊，你怎么知道今天要在游戏里清理太空垃圾啊？"

"啊？"听到"太空垃圾"4个字，小酷忍不住打了个寒战，"不会吧，难道我这个梦……是个预言梦？"

"上周听我说要从地球飞向太空后，你是不是回家查了些资料？"蒋老师问。

"对啊，您怎么知道？"小酷问。

"那就对了，如果我们要从地球飞向太空，必须要经过这几个阶段。第一阶段，加速并穿过地球大气层；第二阶段，达到第一宇宙速度，环绕地球飞行；第三阶段，达到第二宇宙速度，脱离地球引力。而在第二阶段环绕地球飞行的时候，你们会位于和大部分人造卫星一样的高度，而那里除在轨卫星以外，还充满了太空垃圾。你可能在查资料的时候记住了这些信息，又因为今天要上课，所以大脑有点兴奋，让你做了这个梦。"蒋老师解释说。

1.1 太空垃圾

"太空垃圾？"阿亮不解地问，"我只知道干垃圾、湿垃圾，太空垃圾是什么垃圾？"

"大概是有害垃圾吧，会危害睡眠的那种。"小酷没好气地回答，大家都笑了。

"看来太空垃圾给你留下了心理阴影，"蒋老师哈哈一笑，"不过陈嘉科同学说得对，太空垃圾的确是有害垃圾，因为它非常危险。"

"蒋老师，太空中为什么会有太空垃圾呢？真的像小酷梦到的那样，到处都是吗？"甜甜好奇地问。

"问得好，事实上，太空垃圾已经成为让各个国家头疼的大问题。我们知道，人造卫星是有服役期限的，当它们被废弃后，由于回收费用高昂，发射方也不愿回收它们，任由它们继续在原来的轨道上飘浮。有些人造卫星破裂了，产生的碎片就变成了太空垃圾。这些碎片四处飘散，还会互相碰撞，产生更多的碎片。"蒋老师回答道。

"我查过资料，太空中直径10厘米以上的碎片超过了3.5万块。这些碎片对太空中的人造卫星、空间站都有很大的威胁，一旦相撞，轻则造成表面损伤，重则导致运行故障。"小酷补充道，看来他上周的确做了不少功课。

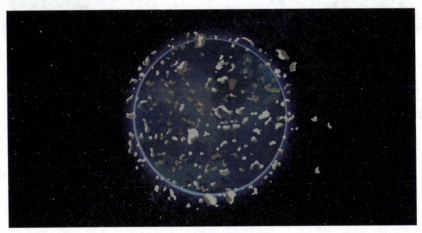

太空垃圾示意图

"没错，太空中直径不足1厘米的碎片甚至超过1亿块，而且数量还在不停地增加。可以说，现在地球周围已经布满了太空垃圾，"蒋老师点头，继续说道，"更可怕的是，我们根本无法监控它们的分布情况，这使清理工作变得困难重重。"

"那我们今天在游戏里的任务就是清理太空垃圾吗？"阿亮已经迫不及待地要开始游戏了。

"没错，而且今天我们的设备升级了，你们还可以体验到失重的感觉！"蒋老师打开多媒体教室的另一道门，这里别有洞天，里面整整齐齐地摆放着VR座椅，每个进去的同学都惊呆了。

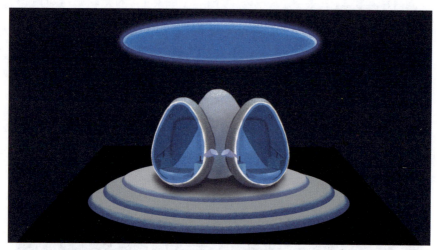

用于玩VR游戏的蛋形座椅

稳重的底座上方悬挂着3个背对背的蛋形座椅，好像一个小小的驾驶舱。探索者小队就近选了一组座椅，迫不及待地坐上去，系好安全带，然后从座椅侧面取下挂着的VR眼镜戴上，蒋老师指导他们在手腕、腿上都绑好了感应器。

"这是国内最新的全感应式VR座椅，待会儿系统启动后，你们将在游戏中体验到失重的感觉。你们的任务是3人一组驾驶飞船，完成清理太空垃圾的任务。准备好出发了吗？"

"探索者小队，准备好了！"

气氛到达燃点。

"出发！"蒋老师按下按钮，游戏开始了！

身体被固定在座椅上，蒋老师发出口令的同时按下按钮，这一幕对小酷来说有点儿似曾相识。他坐在座椅上，感到有些紧张。游戏里的画面和现实中座椅的位置不太一样，现实中3个人是背对背的，游戏中他们却是面对面的，能够看到彼此的面庞。看到阿亮和甜甜，小酷的心情逐渐平静下来。

"发射倒计时准备，3……2……1……发射！"

3个小伙伴立即感受到了巨大的压力，虽然和航天员真正的感受相差甚远，不过3个人仍感到有些不适。虽然不能说话，但是小酷向两个小伙伴投去了鼓励的目光，阿亮和甜甜也仿佛受到了鼓舞，表情不再那么痛苦了。

"各位航天员们，你们感受到的压力，是飞船加速升空造成的超重感。地球上的重力是1G（地球表面的平均重力加速度），飞船加速时，重力会瞬间增加到10G，相当于有9个小朋友一起压在你们身上。不过，我们在游戏中降低了压力值，加速时间只有10秒，只是让你们感受一下。"系统说道。

虽然系统说只有10秒，但小酷他们感觉像是过了10分钟。当他们突然感到轻松的时候，小酷知道他们已经"冲出"地球大气层了。

"现在你们位于距离地球表面500千米的高空，你们可以按下右手的按钮解除束缚，感受失重了。"也许是考虑到太空之旅并不轻松，系统的声音仿佛带了点儿感情，变得温柔了一些。

3人你看看我，我看看你，都还不太敢尝试。最后还是小酷鼓起勇气先按下了按钮。在失重状态下，他轻盈地飘浮了起来。他好奇地伸出手指，在墙上轻轻一点，整个人就因受到反作用力向后荡开。

"快来啊！"他开心地招呼着另外两个小伙伴。甜甜也迫不及待地解开安全卡扣，加入了小酷的行列。平时最好动的阿亮反而犹豫了，小酷知道阿亮有点晕车，于是用眼神示意甜甜，两人一边一个拉起阿亮的手。

3人通过舷窗看到蓝色的地球

阿亮终于放心地站起来了，3人一起飞到舷窗旁，欣赏着太空中美丽的星星们，尤其是那颗蓝色的"水球"——地球。3人脑中已经想不出可以与它的美丽相媲美的词汇，只有安静地欣赏着。

"探险者们，该干活了，"系统又恢复了没感情的宣讲模式，"人类在探索太空的同时，在地球卫星轨道上留下了大量废弃的人造飞行器和碎片，这些废弃人造飞行器和碎片被称为太空垃圾。数据显示，目前已有超过120万块直径大于1厘米的太空垃圾在地球卫星轨道上游荡，更小体积的碎片更是不计其数。这些碎片威胁着人造卫星和空间站的安全。玩家需要在太空中进行一次大扫除——在20分钟内，看看哪个小队可以登上榜首吧。"系统布置完任务以后，小酷他们眼前出现了一块屏幕，上面显示了4个小队的名称。

看完4个小队的名称，小酷、甜甜和阿亮都不禁沉默了。最终还是甜甜打破了沉默："咱们这个队名是不是过于正常了？"小酷和阿亮用力地点了点头。

排名	小队名称	得分	倒计时
1	探索者小队	0	20:00
1	宇宙海盗王	0	20:00
1	地球人大战外星人	0	20:00
1	三体征服者	0	20:00

展示完队名后，屏幕切换了界面，这次是操作提示。

"阿亮，你来担任主操控手，我和甜甜协助你！"小酷说。

屏幕上显示了4个小队的名称

"我能行吗？"虽然被小酷和甜甜拉着手，但阿亮还是感到有点晕，他很担心自己的表现会影响小队的得分。

"没问题，我们相信你！"甜甜也鼓励阿亮。

请根据以下提示操作

（1）确定目标。
（2）放出电动绳索，绳索前端有机械抓手。
（3）如果目标自转速度太快，需要先降低自转速度。
（4）捕获目标，并将它拖入大气层烧毁。

屏幕上显示的操作提示

阿亮坐在主驾驶的位置上，奇怪的是，当他开始操控飞船，那种晕眩的感觉就消失了。可能是因为他集中精力，无暇顾及其他事情吧。小酷和甜甜分别坐在他的左右两边，小酷负责搜寻目标，甜甜负责操作各种抓捕工具。

"咱们来一场太空大扫除吧！"阿亮半开玩笑地说，"探索者小队，出发！"

阿亮沉稳地驾驶飞船，向太空垃圾带飞去。随着距离越来越近，小酷在屏幕上逐渐看清了太空垃圾带的真面目：由各种各样奇怪的废弃物构成，包括太阳能电池板、半截保护罩、手套、扳手……还有许多叫不出名字的废弃物。

"要注意避开垃圾密集区！"甜甜提醒道。

阿亮冲她一笑："放心！"只见他拉动了控制杆，加速，然后调整了飞船的飞行高度，来到了一条杂物相对较少的飞行路线上。

"电离防护罩，锁定！"甜甜操控着摇杆，向小伙伴们报告。

"明白！"阿亮小心地操控着飞船，使飞船的飞行速度与那个电离防护罩的飞行速度大致相等，这样两者之间就保持了相对静止的状态，以便于后续的抓取操作。

甜甜找准时机摁下按钮，放出电动绳索，成功捕获了第一件太空垃圾。

阿亮操控飞船稳定下降到大气层附近，接着甜甜释放机械抓手。只见电离防护罩坠入大气层，跟大气层摩擦，表面腾起细密的火花，不一会儿就被烧成了灰烬。

屏幕显示，探索者小队获得50分。

"成功！"3人齐声欢呼、击掌庆贺。

"抓那个报废的通信卫星，这么大，分值肯定高。"小酷指着屏幕上一个比较完整的通信卫星说。

"明白！"阿亮小心地靠近。忽然一块小碎片飞了过来，撞到通信卫星的边缘，通信卫星开始高速旋转，更难抓取了。

"甜甜，你可以吗？"阿亮用鼓励的眼光看着甜甜。

"没问题！"遇到挑战，甜甜干劲十足。她沉着冷静，目光专注，小心操控电动绳索靠近目标。只见电动绳索末端弹出了3个互呈120°夹角排列的机械抓手，接着，机械抓手缓缓旋转起来，像转动的风扇叶。当机械抓手旋转的速度和通信卫星的自转角速度接近时，机械抓手合拢，一下子就钳住了通信卫星。

"哇！"两个男生不由自主地鼓掌，"甜甜，你太厉害了！"

后续的操作依照提示进行，改变轨道，将废弃的通信卫星转入指定的"专用"轨道，这一"专用"轨道相当于暂时存放太空垃圾的垃圾场。

然而，完成这一系列复杂的操作后，探索者小队却只得到了20分。

"为什么？我们抓到了这么大的太空垃圾，怎么分数还不如刚才的那个小垃圾？"甜甜十分不解。

"可能因为大的通信卫星不好销毁，也不好回收？那咱们试试抓小一点的？"阿亮试着换个思路。

"那是什么？"在大家思考时，小酷突然发现邻近轨道上有一张金黄色反光的锡箔纸，它应该是通信卫星上被用来包裹部件的，防止部件被太阳光的高温烧坏，现在也成了无用的垃圾。

"抓这个！"小酷赶忙对甜甜说："抓住它！"

甜甜虽然不明就里，但还是按小酷说的抓到了那张锡箔纸，然后就要将它往大气层里扔。

"别扔！"小酷猜到了甜甜的意图，阻止了她："你看，有了它，机械抓手就相当于一个捕鱼网，这样打捞那些小太空垃圾就很容易了！"

"对呀，真有你的，小酷！"甜甜立刻领会了小酷的想法。一番操作后，3个机械抓手轻轻地拉开锡箔纸，形成了一个"网兜"。阿亮操控飞船慢速沿着边缘的超小碎片区飞行，不一会儿，就收集了不少太空垃圾。当"网兜"装了八分满时，大家觉得差不多够了，甜甜操控机械抓手将锡箔纸收拢，将太空垃圾收回飞船。他们对太空垃圾进行了分拣，将一些可回收的物品分类放好，剩下的一并送入大气层烧毁。这一招果然奏效，清理可回收垃圾每件获得100分，销毁垃圾每件获得50分。当一大包太空垃圾被送入大气层销毁的时候，屏幕上的探索者小队得分迅速上升，伴随着叮铃铃的音效，让人心情十分愉悦。

"天啊，这声音太悦耳了！你们有没有觉得和硬币掉落的声音很像？"阿亮听着这声音都要陶醉了。

"哈哈，被你这么一说，确实很像，感觉我们胜利在望了！"甜甜和小酷都笑了起来。

"我明白了，清理太空垃圾不仅仅是销毁物品，更重要的是回收再利用。所以清理可回收垃圾的得分是最高的，清理大型垃圾的得分不一定高。"小酷总结道。

"没错，无论是地球还是太空，保护环境不是一味地销毁垃圾，我们要尽量实现回收再利用。"甜甜补充。

"也要尽量减少制造垃圾。"阿亮也有自己的感悟。

明白了游戏规则后，3人分工合作，操作更加游刃有余。游戏结束的时候，探

索者小队得分高居榜首，比第二名多了将近1000分。

备注：目前太空垃圾实现回收再利用的可能性是很小的，对于大部分太空垃圾还是通过收集后焚烧的方式进行处理。但我们希望通过这个故事情节鼓励大家爱护我们的地球家园和太空环境。

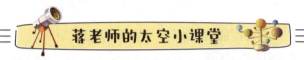

蒋老师的太空小课堂

自古以来，人类就有着像鸟儿一样翱翔天空的梦想，并不断为此梦想而努力，即便付出生命也在所不惜。飞机的发明实现了人类在天空中飞翔的梦想，而不断探索的好奇心使人们不再满足于站在地球上仰望星空，随着人造卫星技术的日益成熟，越来越多的探测器被送入太空。随着空间站的建立，人类在太空中长期驻留也变成了现实。

火箭发射、卫星绕地球运行、登陆月球、火星探测……这些项目都涉及复杂的工程知识，包括空气动力学、材料力学、通信、化学、炸药燃料等领域的知识。每一个项目都像一棵大树，有着很多的技术分支，每一个细枝末节都凝聚了几代人的心血。

地球上有人类赖以生存的水、空气和充足的食物。大气层和磁场阻挡了大部分来自太空的碎片和宇宙射线，地球就像摇篮一样给人类提供了一个安全的庇护所。人类不愿意总是生活在摇篮里，虽然困难重重，但还是想出去看看。在离开地球飞向太空所面临的种种困难中，人类需要克服的第一个困难就是地球引力。

1.2 万有引力

据说，牛顿在苹果树下休息时被苹果砸中，继而想出了万有引力定律。在牛顿的家乡英国伍尔索普庄园，还保留着这棵给牛顿带来灵感的苹果树。我们的侧重点不是"考古"苹果树事件的真实性，而是探究从古到今，人们对引力的理解是怎么演变的。（根据爱因斯坦理论对引力的解释，引力是时空的一种几何属性。当然，我们在此不从时空的角度来解释引力作用。）

关于地球以外的空间，人类曾有过许多美丽的传说。但我们还是跳过神话传说，直奔"科学"。古希腊哲学家亚里士多德认为，越重的物体下落得越快，而伽利略对此提出了质疑。他通过精心设计的斜面实验和数学推演，确立了自由落体定律：在忽略空气阻力的情况下，所有物体下落的加速度相同。

几十年后，牛顿洞悉了重力的真相，它主要来自地球对地球上物体的引力（但是重力并不完全等同于地球对地球上物体的引力，想想为什么），实际上，这种引力存在于所有物体之间，不只存在于地球和地球上的物体之间，还存在于地球和月球之间、行星和太阳之间、行星与行星之间。牛顿称它为万有引力，并用简洁的公式表达出来。

$$F = G\,\frac{Mm}{r^2} \qquad (1\text{-}1)$$

其中，F是两个物体之间的引力，G是万有引力常数，M和m分别是两个物体的质量，r是两个物体之间的距离。

这个公式并不是牛顿被苹果砸头之后凭空想出来的。在提出这个公式之前，开普勒就提出了行星运行三大定律，万有引力公式就是在行星运行三大定律的基础上被提炼出来的。开普勒的行星运行三大定律又是在第谷·布拉赫的观测数据的基础上总结出来的。科技的每一次进步都是站在前人的肩膀上。可以肯定的是，牛顿和开普勒都是数学领域的佼佼者，他们从复杂的现象和数据中找到规律并用数学公式将其表达出来。

接下来，我们来推导第一宇宙速度的公式。

1.2.1　第一宇宙速度

如果，我们站在地面上，向前抛出一个皮球，会发生什么呢？

由于惯性，皮球会向前飞行；而因为受到地球引力的作用，皮球最终会下落。不考虑空气阻力，假设皮球只受到地球引力的作用，那么皮球的运动速度的水平分量不会因为空气阻力的存在而减少，只要皮球不落地，它就会以恒定水平速度持续向前飞行。如果大地是平的，那么皮球在地球引力的作用下一定会落地。

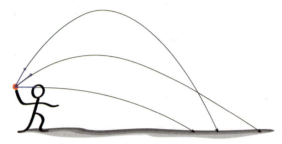

如果大地是平的，在引力的作用下，抛出去的皮球一定会落地

现在我们知道，大地是一个球面，它不是完全平坦的。当皮球绕着地球做匀速圆周运动时，就实现了"永不落地"。那么在什么条件下，皮球会绕着地球做匀速圆周运动呢？现在，我们就来寻找这个条件。

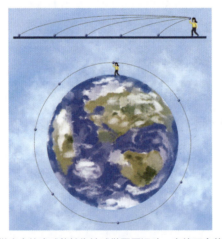

当抛出去的皮球能够绕着地球做圆周运动，它就不会落地

做匀速圆周运动的物体的加速度可以写成$a=v^2/r$，v是物体速度的大小，r是圆周的半径。根据牛顿第二定律，物体做加速运动必须受到外力的作用，外力的大小为

$$F=m_{球}a=\frac{m_{球}v^2}{r} \tag{1-2}$$

皮球做匀速圆周运动所需要的向心力，不多不少，恰好就是由地球和皮球之间的引力提供的，用万有引力公式表示为

$$F=G\frac{M_{地}m_{球}}{r^2} \tag{1-3}$$

其中，G是万有引力常数，r是地球的半径$r_{地}$与皮球距离地面的高度h之和。

联立式（1-2）和式（1-3），我们就能推导出速度的表达式，即

$$G\frac{M_{地}m_{球}}{(r_{地}+h)^2}=\frac{m_{球}v^2}{r_{地}+h}, \quad G\frac{M_{地}}{r_{地}+h}=v^2, \quad v=\sqrt{G\frac{M_{地}}{r_{地}+h}} \tag{1-4}$$

由式（1-4）可以看出，皮球的速度跟地球的质量、地球的半径、皮球距离地面的高度及万有引力常数有关，而与皮球的质量没有关系。万有引力常数、地球的质量和地球的半径都可以查到具体的数值，可以将其看作常数。那么皮球的速度就只和皮球距离地面的高度有关，皮球离地面越近，其速度越大。当皮球紧贴地面的时候，即当$h=0$时，算出来的速度大约为7.9千米/秒，这就是**第一宇宙速度**，也是物体在地面附近绕地球做匀速圆周运动的速度。

所以，要发射一颗运动半径大于地球半径的人造卫星，发射速度必须大于7.9千米/秒。

人造卫星的运行高度从一百多千米到几万千米。**国际航空联合会把100千米的高度定义为大气层和太空的分界线，也就是卡门线。**高于卡门线就算太空，等于和低于卡门线就属于大气层。表1-1列出了部分人造卫星、空间站的运行高度。向高

轨道发射卫星比向低轨道发射卫星更为困难。

表1-1　部分人造卫星、空间站的运行高度

对比项	运行高度（近似值）	轨道类型
中国空间站	400千米	低轨道
国际空间站	400千米	低轨道
墨子号卫星	500千米	低轨道
哈勃空间望远镜	570千米	低轨道
北斗三号全球卫星导航系统（以下3种）		
地球静止轨道（GEO）	35800千米	同步轨道
倾斜地球同步轨道（IGSO）	35800千米	同步轨道
中地球轨道（MEO）	20000千米	中轨道

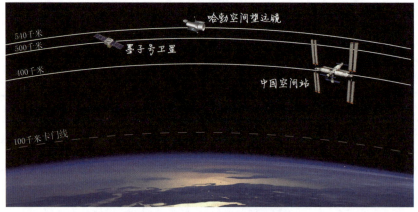

部分人造卫星、空间站的运行高度

通过式（1-4）可以看出，人造卫星的运行高度越高，它的运行速度就越小，所以，第一宇宙速度也可以看成人造卫星环绕地球飞行的最大速度，人造卫星越贴近地面，飞行的速度越快。

我们再来看看人造卫星做匀速圆周运动的周期T与距离地面的高度h有什么关系。

$$T = \frac{c}{v} \tag{1-5}$$

这里C指圆周长，$C=2\pi r=2\pi(r_{地}+h)$，$v=\sqrt{G\dfrac{M_{地}}{r_{地}+h}}$，于是周期T的公式为

$$T=\frac{2\pi(r_{地}+h)}{\sqrt{G\dfrac{M_{地}}{r_{地}+h}}}=\frac{2\pi}{\sqrt{GM_{地}}}(r_{地}+h)^{\frac{3}{2}} \qquad (1-6)$$

周期T与$(r_{地}+h)^{\frac{3}{2}}$成正比，也就是说，人造卫星距离地面越高，其做匀速圆周运动的周期越长。中国空间站离地面约400千米，每96分钟绕地球一圈，因此在中国空间站生活的航天员在24小时内会看到16次日出。另外，大家应该还听说过地球同步卫星，这种卫星的特点是，对于地球上的观察者而言，它是静止的，因为它与地球同步自转。地球同步卫星的运行周期正好是24小时，即地球上的一天。根据式（1-6）可以知道，地球同步卫星的轨道一定高于中国空间站。地球同步轨道的高度在35800千米左右。

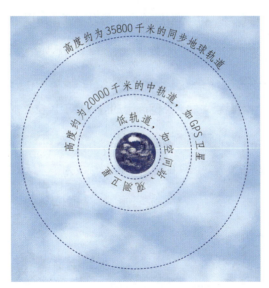

低轨道、中轨道和地球同步轨道

月球，是地球唯一的天然卫星，它绕地球运行的轨迹并不是标准的圆形，而是类似椭圆。月球与地球间的最小距离约为363300千米，最大距离约为405500

千米，近地时月亮看起来比较大。我们不妨进行近似计算，按照匀速圆周运动来估算，地球和月球之间的平均距离约为380000千米。将这个值代入式（1-6），可以计算出月球绕地球运动的周期，有兴趣的读者可以算一算。

1.2.2　第二宇宙速度、第三宇宙速度

匀速圆周运动是很特殊的，大多数天体运动轨迹其实是椭圆。当然，圆也可以看作椭圆的一种特殊形式。由于做匀速圆周运动的物体，所需向心力的大小不变，这为计算带来很多便利。因此接下来，我们仍然以匀速圆周运动为基础来讨论椭圆运动，不进行具体的计算，只讨论运动的变化趋势。

假设，有一颗人造卫星正稳定地绕着地球做匀速圆周运动，它的重力正好提供它做匀速圆周运动的向心力。如果由于某些原因，它的速度减小了一些，而向心力的表达式可以写成 $F_{向}=\dfrac{mv^2}{r}$，其中速度 v 变小了，那么为了保持圆周运动轨迹不变（r 不变），所需向心力 $F_{向}$ 也会相应减少，重力不变，所以重力抵消向心力后还有剩余，人造卫星就有接近地球的趋势，原来的"圆"轨道变成"椭圆"轨道，减速那一刻的位置就成为了"远地点"。

另外一种情况，如果原来做匀速圆周运动的人造卫星突然加速了一点点，那么所需的向心力会相应增加，可是重力还是那么多，重力无法提供足够的向心力，人造卫星就有远离地球的趋势。加速那一刻的位置就成为了"近地点"。

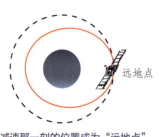
减速那一刻的位置成为"远地点"

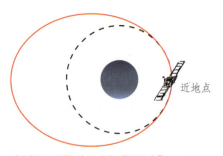
加速那一刻的位置成为"近地点"

当人造卫星继续加速，速度越大，椭圆轨道越"扁"。速度越来越大，远地点离地球也越来越远，人造卫星运行周期也越来越长。

当速度达到某一个数值时，这颗人造卫星就再也不会返回了，也可以说它挣脱了地球引力的束缚，获得了自由，不再是卫星了。物体刚好能摆脱地球引力的速度就是**第二宇宙速度**，也就是逃逸地球的速度。第二宇宙速度值大约为11.2千米/秒。所以，如果我们要去火星探险，飞行器的速度就必须大于11.2千米/秒。

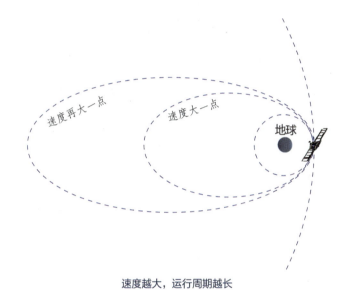

速度越大，运行周期越长

下面对于第二宇宙速度的推导涉及一点微积分知识，可能会有一定的难度。

考虑一种极端情况，飞行器直接背离地球向远处飞去，地球引力成为它飞行的阻力。在没有其他外力的情况下，飞行器越飞越远，飞行速度也越来越小，从能量守恒的角度来看，飞行器的动能减少量转化成飞船与地球之间的势能的增加量。

借助微积分知识，我们可以列出下面的等式。

$$\int_{R}^{\infty} \frac{GMm}{r^2} dr = \frac{1}{2}mv^2 \qquad (1\text{-}7)$$

等式左边表示飞行器从地球表面飞向无穷远的过程中引力做的功，也就是飞行器在这个飞行过程中增加的势能；等式右边是飞行器从地球表面起飞时的初始动能，其中m是飞行器的质量，v是飞行器的初始速度。使这个等式成立的初始速度v就是飞行器逃逸地球所需的速度，也就是第二宇宙速度。

求解关于v的方程：$\int_R^\infty \dfrac{GMm}{r^2}\mathrm{d}r = \dfrac{1}{2}mv^2$

$$-\int_R^\infty GMm\,\mathrm{d}\left(\frac{1}{r}\right) = \frac{1}{2}mv^2,\quad -GMm\left(\frac{1}{\infty} - \frac{1}{R}\right) = \frac{1}{2}mv^2$$

$$\frac{GM}{R} = \frac{1}{2}v^2,\quad v = \sqrt{\frac{2GM}{R}}$$

$$（1-8）$$

这里G是万有引力常数，M是地球的质量，R是地球的半径。代入v的表达式，我们可以得到近似值为11.2千米/秒，这样便推导出了第二宇宙速度。

地球、火星都处于太阳系中，太阳系中所有的天体（包括人造天体）都受到太阳引力的束缚。第三宇宙速度就是物体挣脱太阳引力所需的最小速度，即逃逸太阳系的速度，通过计算得到的速度值约为16.7千米/秒。

我们用下面这张图来总结一下第一宇宙速度、第二宇宙速度、第三宇宙速度。

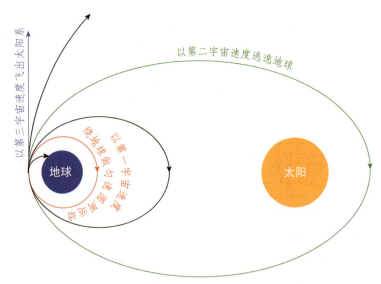

第一宇宙速度、第二宇宙速度、第三宇宙速度（注：非真实比例）

现在我们从理论上做好了飞向太空的准备。如果我们要发射一颗人造卫星，则其发射速度必须大于第一宇宙速度；如果要人造卫星脱离地球前往其他行星，则人造卫星的速度必须大于第二宇宙速度；如果想要人造卫星飞出太阳系，则人造卫星的速度不能低于第三宇宙速度。

接下来，我们将探讨如何实现这些目标。

1.3　航天发展历史

"航空"和"航天"这两个词虽然只有一字之差，但它们的意思大相径庭。航空是指飞行器在大气层内的活动，航天则是指飞行器在大气层之外的活动。如前文所述，国际航空联合会把100千米高度定义为大气层和太空的分界线，也就是卡门线。

航天发展历史如下。

航天科技的发展凝聚了几代科技工作者的智慧、心血和汗水，其涉及的领域包括物理、数学、空气动力学、材料学、计算机科学、爆炸力学、通信技术等。航天科技对精确度的要求非常高，一个小小的计算错误就会导致最终的失败。下文简单列举一下世界和我国航天发展史上的主要事件，每一个事件都凝聚了大量的人力、物力，展示了人类不懈努力取得的杰出成就。

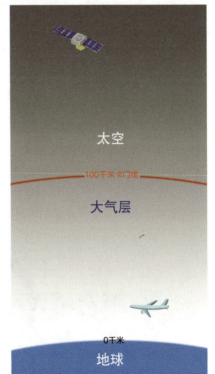

太空

100千米 卡门线

大气层

0千米

地球

卡门线

1957 年

第一颗人造卫星（斯普特尼克1号）发射成功，在轨工作22天后进入大气层被烧毁

月球1号发射成功，这是人类发射的第一个摆脱地球引力的星际探测器，它从距离月球表面5000多千米处飞过

1959 年

1961 年

载人航天飞船（东方1号）发射成功并环绕地球飞行，人类首次进入太空，尤里·加加林成为第一个在太空看地球的人

阿波罗11号在月球着陆，人类登上月球，人类首次在地球以外的天体上留下了足印

1969 年

1970 年

我国首颗人造地球卫星东方红一号发射成功

先驱者10号飞越木星

1973 年

1974 年

水手10号探测了金星和水星

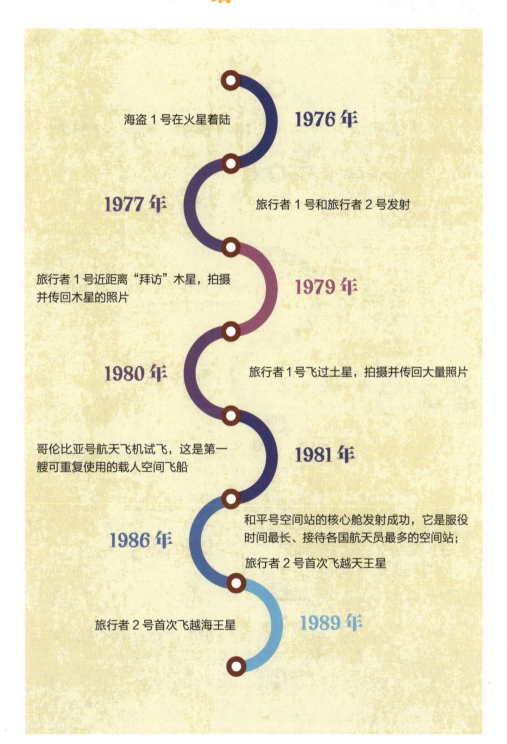

海盗 1 号在火星着陆　　1976 年

1977 年　　旅行者 1 号和旅行者 2 号发射

旅行者 1 号近距离"拜访"木星，拍摄并传回木星的照片　　1979 年

1980 年　　旅行者 1 号飞过土星，拍摄并传回大量照片

哥伦比亚号航天飞机试飞，这是第一艘可重复使用的载人空间飞船　　1981 年

1986 年　　和平号空间站的核心舱发射成功，它是服役时间最长、接待各国航天员最多的空间站；旅行者 2 号首次飞越天王星

旅行者 2 号首次飞越海王星　　1989 年

1990 年

旅行者 1 号拍摄了著名照片《暗淡蓝点》

神舟五号载人飞船搭载首位中国航天员杨利伟前往太空

2003 年

2007 年

嫦娥一号发射升空，成功进入月球轨道，中国的探月工程由此开启

新视野号冥王星探测器经过近 10 年的飞行，到达冥王星附近，拍下了冥王星的清晰照片

2015 年

2020 年

嫦娥五号探测器在月球着陆，完成月壤采样并携带样品返回地球

长征五号 B 遥二运载火箭成功将空间站天和核心舱送入预定轨道，中国航天员进驻中国空间站天和核心舱

2021 年

2024 年

嫦娥六号全球首次完成月背采样并携带样品返回地球

随着课件投影定格在中国空间站的画面上，蒋老师站起身，走回讲台中央，平静地说："同学们，这周的课后作业是阅读跟航天有关的资料，做好笔记，并将笔记上传到社团的网盘里。下课。"

甜甜制作了一张中国载人航天30多年发展图，展示了中国载人航天发展的精彩瞬间。小酷整理了"航天员经历的考验"。阿亮还在思考课上的疑问，所以他整理的是关于太空垃圾的内容。

甜甜的笔记

中国载人航天

　　1992年，我国提出载人航天"三步走"的发展战略：

　　第一步，发射载人飞船，建成初步配套的试验性载人飞船工程，开展空间应用实验；

　　第二步，突破航天员出舱活动技术、空间飞行器交会对接技术，发射空间实验室，解决有一定规模的、短期有人照料的空间应用问题；

　　第三步，建造空间站，解决有较大规模的、长期有人照料的空间应用问题。

2021.10

神舟十三号与中国空间站组合体完成自主快速交会对接，航天员在轨驻留6个月

神舟十二号与天和核心舱、天舟二号货运飞船构成三组合体，航天员驻留3个月

2021.6

神舟十四号进一步完成中国空间站在轨组装建造

2022.6

2022.11 神舟十五号，见证中国空间站全面建成，中国航天员首次实现太空会师

2023.5 神舟十六号，中国空间站应用与发展阶段首次载人飞行

2023.10 神舟十七号，中国空间站应用与发展阶段第二次载人飞行，首次完成在轨航天器舱外设施维修任务

2024.4 神舟十八号，中国空间站应用与发展阶段第三次载人飞行

2024.10 神舟十九号，中国空间站应用与发展阶段第四次载人飞行

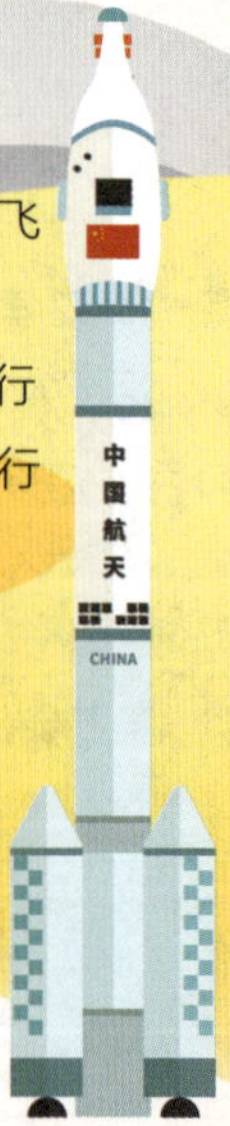

中国航天
CHINA

中国载人航天发展

1
发射载人飞船

神舟一号

1999.11

2016.10

神舟十一号与天宫二号实现自动交会对接，形成组合体，航天员在其中驻留30天

2013.6

神舟十号与天宫一号实现手控交会对接

3 建造中国空间站

2012.6

神舟九号与天宫一号首次载人完成自动交会对接

2011.11

神舟八号与天宫一号完成交会对接（无人）

2 出舱飞行器对接

2008.9

神舟七号航天员首次出舱

2005.10

神舟六号二人多天飞行

2002.12

神舟四号

神舟五号，首次载人

2003.10

神舟二号

2001.1

神舟三号

2002.3

小酷的笔记

航天员经历的考验

超重负荷

在飞船发射的加速阶段，航天员要忍受加速带来的8~10倍地球重力的巨大压力。返回地球时，

降落伞打开的瞬间会对返回舱产生巨大的拖曳力，使返回舱剧烈摇晃，舱内的航天员会感觉很不舒服。航天员要通过日常的训练来增强身体对极端压力的承受能力。

用于超重耐力训练的离心机

低频共振

神舟五号是我国第一艘载人航天飞船，杨利伟是中国第一位进入太空的航天员。他在《太空一日》（被选入七年级语文课本）中写道：

……

火箭逐渐加速，我感到压力在不断增强。因为这种负荷我在训练时承受过，变化幅度甚至比训练时还小些，所以我身体的感受还挺好，觉得没啥问题。

但火箭上升到三四十公里的高度时，火箭和飞船开始急剧抖动，产生共振。这让我感到非常痛苦。

人体对10赫兹以下的低频振动非常敏感，它会引起人的内脏共振。而这时不单单是低频振动的问题，而且这个新的振动叠加在一个大约6G的负荷上。这种叠加太可怕了，我从来没有进行过这种训练。

意外出现了。共振以曲线形式变化着，痛苦的感觉越来越强烈，五脏六腑似乎都要

碎了。我几乎无法承受，觉得自己快不行了。

……

那种共振持续26秒后，慢慢减轻。我从极度难受的状态中解脱出来，一切不适都不见了，感到一种从未有过的轻松和舒服，如释千钧重负，如同一次重生，我甚至觉得这个过程很耐人寻味。但在痛苦的极点，就在刚才短短一刹那，我真的以为自己要牺牲了。

这就是异常凶险的26秒的低频共振。人体对10赫兹以下的低频振动非常敏感，它险些让杨利伟失去意识、陷入昏迷。正因为有了杨利伟的亲身体验，技术人员改进了相应的技术工艺，解决了这个低频共振问题，使后来的航天员飞行体验得到了显著改善。

高温

返回舱进入大气层时与大气摩擦燃烧，表面温度超过2000摄氏度，这时可以把返回舱看成一颗"火流星"。如果返回舱外壳隔热不好，舱内温度也会非常高，舱内航天员就会有生命危险。

嫦娥五号出差返回后，烧得黑魆魆

如果返回舱出现一丁点儿裂缝，上千摄氏度的高温空气就会涌进舱内，后果不堪设想。科学家在返回舱表面涂了一层特殊的材料，它在高温烧蚀的过程中熔化、升华，带走大量热量，相当于给返回舱穿上了一件"防热外衣"。

黑障

返回舱在进入大气层后，由于高速运动产生冲击波，返回舱表面隔热材料在高温下发生电离，与高温气体一起形成等离子体套，这就是隔绝通信的"黑障"。在黑障持续的几分钟内，地面指挥中心无法对飞船进行遥控，一切操作只能依靠航天员的自主反应，这对航天员来说是一项很大的考验。失之毫厘，差之千里。高速飞行的返回舱很容易产生偏离，落地误差带来的不确定性也会增加风险。

冷焊

在空间站停靠的数月期间，飞船与核心舱的对接构件一直是紧紧地锁在一起的。在太空的真空环境中，当两块金属紧密贴合在一起时，往往会产生粘连，也叫"冷焊"。所以需要对金属构件的表面进行处理，让它们在需要分离的时候能够顺利分开。

阿亮的
笔记

太空垃圾来自哪里？

日益频繁、数量众多的太空飞行任务，在太空中留下了大量的人造废弃物，它们就是太空垃圾。具体包括以下几种。

● **废弃的太空飞行器**。由于高昂的回收成本，这些报废的或者部分报废的部件被抛弃在原来的轨道上，任之飞行，直到最终落到地面或者与其他物体相撞。

● **运载火箭的上面级**。现代运载火箭是多级火箭，各级火箭在完成任务后依次熄火并脱落。下面级会坠入大气层烧毁，部分残骸可能会落到地面；而最后熄火脱落的就是上面级，它会绕着地球飞行。这一类垃圾的体积通常比较大。

● **火箭发动机的固态废料。** 飞行器排出的固态废料一般会集中在一个容器中，这些容器在轨道上飘浮，一旦发生碰撞可能会引发爆炸，产生更多的小碎片。

● **细小的油漆碎片。** 受热或者与其他微小颗粒的碰撞可能会导致飞行器掉落油漆碎片。绕地轨道上有几百万块这样细小的油漆碎片在飞行。

● **航天员的失误。** 历史上曾发生过，航天员出舱执行修理任务——拧紧一颗松掉的螺丝钉。然而，任务完成后，航天员却不小心将扳手掉入太空，扳手也成了太空垃圾中的一员。

据估计，太空中直径10厘米以上的碎片超过3.5万块；直径不足1厘米的碎片更多，有1亿多块。这些碎片互相碰撞会产生更多的碎片。小到脱落的油漆碎片，大到运载火箭的上面级，这些大大小小的碎片依靠惯性在绕地轨道上高速飞行，一旦撞上工作中的人造卫星或空间站，就可能会对其造成损害甚至引起故障，非常危险。

太空垃圾的大小、数量

绕地球旋转的空间碎片对正在运转的人造卫星乃至空间站都构成了潜在的威胁。应对的策略可以分为以下4种。

规避

跟踪观测到的太空垃圾，选择合适的发射时间

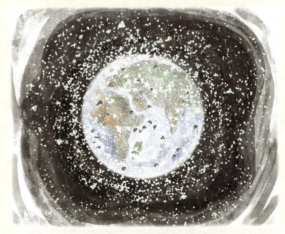
太空垃圾示意图

和运行轨道，采取"避其锋芒"的策略。

预防

改进火箭设计，以减少火箭发射过程中产生的碎片。在设计航天器的时候，预先规划好航天器退役之后的去向，在航天器退役之前自动升高轨道高度，使航天器驶离"高速公路"，进入不常用的轨道。

防护

为航天器外壳或关键部位加装防护装甲，以抵御可能发生的碎片撞击。

清理

通过太空拖船将部分太空垃圾拖离原来的轨道，转移到不常用的轨道上去，或者降低轨道高度使太空垃圾进入大气层烧毁。

如何应对？

垃圾分一分
环境美十分

第二章
飞向火星：来自伙伴的求助

飞向火星

在上一节课的清理太空垃圾的任务中，探索者小队以巨大优势拿了第一名，一周以来小酷他们都精神抖擞。爱学习的甜甜不必说，就连平时对学习不太上心的阿亮，这周上课也表现得格外认真，尤其是在科学课上，每一个知识点他都不肯放过。巧合的是，这周的科学课正好讲到航天科学，结合上周蒋老师的上课内容，他们对相关知识就更加清楚明白了。

到了周五，阿亮已经迫不及待了。他早早地收拾好书包，只等下课铃响。偏偏这节课的老师是一位"慢性子"的老师，下课铃声响了，他才不紧不慢地布置作业，可把阿亮急坏了。好不容易等到老师讲完，阿亮"蹭"地一下站起来，鞠躬喊了声"老师再见"，就"嗖"地蹿了出去。老师还没反应过来，阿亮已经不见踪影。老师无奈地说："罗亮同学这么着急，看来是有拯救地球的大任务啊。"甜甜的同桌夏米丽也上墨子沙龙的科学课，看到这一幕，她打趣道："罗亮这是超越了宇宙第一速度，用宇宙第二速度飞离了教室啊。"说完，她和甜甜相视一笑，也收拾书包出发了。

当小酷、甜甜和夏米丽陆续赶到多媒体教室时，阿亮已经在和蒋老师讨论课堂内容了。看到好朋友们过来，阿亮兴奋地跟他们分享："蒋老师说了，今天咱们就要挣脱太阳引力的束缚，飞出太阳系啦！"

甜甜和夏米丽再次相视一笑，心想还真让她们俩给说中了。

今天的课程仍以小组为单位展开，3人娴熟地坐上VR座椅，系好安全带，闭上眼睛适应黑暗，操作一气呵成。当他们睁开眼时，已经进入了美丽的太空。

飞向太空

"各位勇敢的探险者们，欢迎来到神秘的宇宙。在你们面前，有两条探险路线可供选择——一是选择太阳系中除地球以外的7颗行星之一进行登陆，二是选择飞出太阳系，漫游银河系。选择第一条探险路线，你们可以领略其他星球迥异于地球的奇异风光；选择第二条探险路线，你们将挑战未知。不知道你们会做出什么样的选择呢？"这次系统的语调充满了神秘感。

甜甜和阿亮不约而同地看向中间的小酷，小酷领会了好朋友们的意思，他点点头，坚定地对系统说："我们既然叫探索者小队，那当然要去看看别人没看过的东西，我们选择飞出太阳系！"

"好的，勇敢的探险者们，如你们所愿。现在，请系好安全带，握好扶手。你们准备好后，请拉动加速杆。"

"我怎么感觉这像游乐园里过山车的提示语啊！"阿亮边说边拉动加速杆，大家还没反应过来，飞船就骤然加速，飞了出去。

不知道是不是受到阿亮话语的影响，这一次的加速，小酷感觉没第一次那么痛苦了（当然，主要原因是游戏中大大降低了引力的加速度）。还有一种可能，他已经逐渐适应并开始享受太空飞行了。

"蒋老师不是说了吗，想要脱离地球轨道，只达到第一宇宙速度——7.9千米/秒是不够的，我们还要达到第二宇宙速度——11.2千米/秒。如果要冲出太阳系，我们还要达到第三宇宙速度——16.7千米/秒。看来，之后还会有第三次加速的。"看来甜甜也适应了当前的环境，在缓冲的时候，她竟然还有力气给同伴们科普。

"啊？还有一次加速，早知道选择前一个挑战了……"阿亮哀嚎，小酷和甜甜想笑，但是面部因为加速都变形了，阿亮看到他们这哭笑不得的模样，自己也忍不住笑了。

在这欢乐的气氛中，地球渐渐被他们抛在身后，沐浴在太阳光芒中的它如同一颗美丽的宝石，海洋、大陆和大气层是它的花纹。它拥有着独一无二的美丽风光，然而，3个小伙伴却无暇欣赏它的美，因为火星就在不远处闪耀。

"火星，Mars，以古罗马神话中的战神为名。在古代中国，因为它荧荧如火，又时常改变位置和亮度，所以被称为荧惑，荧惑守心的天象在古代中国被视为大凶之兆，代表帝王可能遭遇灾难甚至死亡。"看到这颗红色的星球，甜甜心中涌起无数与火星相关的神话故事，一时不知该说哪个好。

火星

"火星是一颗类地行星，它是太阳系中除地球外7颗行星里和地球最相近的行星，人类一直致力于探索火星上是否有水和生命存在。火星上复杂的河道、深长的峡谷、熔岩的遗迹，还有巨大的火山，这一切让人产生了无限遐想。"小酷则从科学的角度对火星进行了解读。

"我看它就像一颗红色的月亮。"阿亮言简意赅，将飞船里的"浪漫主义气息"瞬间冲淡。

"阿亮，你！"甜甜向阿亮表达不满。

"怎么了，你们俩都是文化人，叽里咕噜说一大堆，我只能学张飞，'俺也一样'！"阿亮一边说着，一边还学张飞作了个揖，逗得甜甜和小酷捧腹大笑。

"收到通信邀请。"系统突然蹦出提示："是否接通？"

"哎？"3人一愣："会是谁呀？"

阿亮摁下"接通"，屏幕上出现3个模糊的身影。

图像逐渐清晰，"夏米丽？"甜甜有点诧异。

"嗨——"夏米丽开心地跟他们打招呼。夏米丽在中间，旁边分别是刘明梓和二班的杨苏。大家虽然不同班，但一起上墨子沙龙的科学课，也都互相认识。

"没想到系统给我们安排的援助是你们啊，真是太好了！"夏米丽开心地说。

"援助？怎么回事？"甜甜不解地问。

刘明梓解释道："都怪我在游戏通关时候的一个失误操作，导致我们的燃料不足以到达火星，到达月球绰绰有余，但你们也知道，系统里没有去月球的设定。系统给了我们一个机会，可以向其他小队寻求帮助，看看能不能协助我们到达火星。"这个高个子男孩不好意思地憨笑着。

"看来每个小队的游戏任务都不一样啊。我们的任务怎么还没出现呢？"阿亮若有所思。

"或者，帮助刘明梓他们就是我们的游戏任务？"小酷灵机一动，阿亮和甜甜也觉得很有道理。

"那我们赶紧来讨论一下，怎么才能让夏米丽他们到达火星！"甜甜马上进入挑战模式。

"如果他们的燃料只够到达月球，那怎么才能到火星啊？"阿亮不解地问，"就好像汽车要没油了，那怎么才能到达目的地呢？"

大家陷入短暂的沉默，每个人都在积极思考。刘明梓首先发言："我爸爸汽车快没油的时候，在不能卸掉载重的情况下，他会尽量让汽车匀速行驶，因为汽车加速和刹车都会多耗油，"他挠了挠头，"还有下坡的时候，他会利用汽车的惯性滑过去。"

"这是在离目的地不远的情况下，可是去月亮和火星，距离差得有点大啊。"杨

苏提出了质疑。

"哎，要是后面有人推，会不会省点油啊？"阿亮插话道。

"你们可以帮忙推吗？"夏米丽快人快语。

"以我们的能量储备推你们一把没有问题，但我们快接近火星了，也就是说我们在你们前面，没法推你们啊。"甜甜说。

正当其他几个人七嘴八舌讨论时，小酷却一言不发。他正在回忆墨子沙龙的一场线下报告，是关于负责执行中国第一次自主火星探测任务的火星探测器"天问一号"的内容。小伙伴们讨论的办法可行性都不够，但也有一定道理。如果，把这些想法都结合到一起……

"有了！"小酷忽然拍手，把另外几个人吓了一跳。

"小酷，你想到什么办法了？"甜甜知道小酷平时虽然话不多，但是关键时刻很可靠。

"你们说的都有一定的道理，"小酷先肯定了小伙伴们提出的办法，"但是单独实施都有困难，不过……"他卖起了关子。

"不过什么？你快说呀。"甜甜和夏米丽异口同声地催促。

"刘明梓，你的方案，适合距离比较短的航程，那么，我们就选一个地球和火星最接近的时机出发；阿亮、甜甜，你们提到的助推动力，我们的确不能推动夏米丽他们的飞船，不过，如果我们计算好距离，留下燃料补给包，那么他们只要在途中捡到燃料补给包并进行二次加速就可以了。"

"所以，关键是选择一个地球和火星最接近的时机？"杨苏问。

"那会是什么时候呢？我们怎么选？"刘明梓着急地问，他太想"将功补过"了。

小酷不慌不忙地说："德国科学家霍曼根据地球、火星绕太阳公转的规律，计算出了一条从地球到火星的最佳路线——这是我在墨子沙龙的线下报告中听到的。阿亮，调出画图板。"

阿亮在操作台上打开了一个界面，小酷不太熟练地拖动着画圆工具，画出了两个同心圆，他解释道："圆心代表太阳，内圈表示地球公转的轨道，外圈表示火星公转的轨道。"

"嗯嗯。"通信器的另一边，3人全神贯注地听着。

地球与火星之间距离的变化

"想象你和你的朋友在各自的跑道上以各自的速度匀速奔跑，假设你是地球，速度是每小时10.7万千米；你的朋友是火星，速度是每小时8.6万千米，你们一刻不停地奔跑。现在你要抛一个球给他。你会选择什么时候抛呢？"小酷看向身边的队友和屏幕那边的同学，他们的关注点都在那张图上，正在思考小酷提出的问题。

小酷又在那张图上画了一道线，问道，"当你们分别在太阳的两侧时，你们会抛球给对方吗？"

"不会，那样相当于让球穿过整个操场，太费力了。我会在跟他快要肩并肩的时候算好时机将球扔给他。"刘明梓说，其他人点头赞同，这是大家都知道的常识。

"对！你比你朋友跑得快，当你在他身后快要追上他的时候把球抛出去，这样，球还能利用你的奔跑速度；假如你在你朋友的前面，往后将球扔给他，以太阳为参照物，球的速度是你抛出球的相对速度减去你的奔跑速度，你的奔跑反而拖了球的后腿。"

"我明白了，最佳时机就是朋友在我前面一点的时候！"

"没错！科学家计算出来，当火星在地球前方44°的时候，就是前往火星的最佳时机，"小酷一边说着，一边用手指在同心圆之间划过，代表飞船经过的路线，"当飞船到达火星公转轨道的时候，正好火星也在那里！"

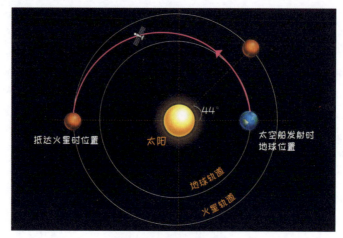

地球和火星的公转轨道关系

刘明梓很兴奋，接着问："那我们现在跟火星的位置关系是什么呢？"

相比之下，刘明梓的另外两位队友眼里闪过一丝迷茫，好像还没完全明白。

小酷再次向阿亮点头示意，阿亮默契地帮他调出了此刻地球、火星的公转轨道关系图，该图动态展示了地球、火星的运动，比画图板更直观。此刻地球和火星分别位于太阳的两侧。小酷同情地对夏米丽他们说："刚才我们说过，当火星在地球前方44°的时候，就是前往火星的最佳时期，也叫作发射窗口期。"阿亮贴心地调整图中地球与火星的位置，使图片和小酷的讲解相呼应。地球和火星的公转轨道之间出现了一条弧线，小酷看向阿亮，以示感谢，小酷指着这条弧线说，"这就是地火飞行的最佳路线，也叫作'霍曼转移轨道'，它是最节省能量的路线。"

"可现在地球和火星分别位于太阳的两侧，离发射窗口期还有多久啊？"夏米丽着急地问，看来她已经完全明白了。

小酷大致估算了一下，"大约还需要300天，大约10个月。"

夏米丽听到都要哭了，忙活半天，结果还要等10个月，那不就是游戏失败了吗？

"别着急，我们再想想有没有其他办法。"甜甜连忙安慰夏米丽。

"要是有什么程序能修改游戏时间，直接快进10个月就好了。"阿亮自言自语。

"对了！"甜甜眼前一亮，"咱们上次去见伽利略的时候，乘坐的飞船不是有选择时间和地点的功能吗？这说明咱们这个游戏肯定可以设置时间，阿亮，你是编程高手，你能调出来吗？"

"我可以试试，"为了小伙伴，阿亮决定试试，"夏米丽，我要先登录你们飞船的远程桌面操作系统，你们需要配合我。"

"没问题！"

不愧是阿亮，几分钟后，他就找出了隐藏在夏米丽他们飞船上的时间、地点修改模块，在告诉他们如何操作后，双方中断了连接。依照事先计划，探索者小队在预定地点放下了燃料补给包，便继续前进了。

"你说，夏米丽他们能顺利穿越，拿到我们留下的燃料补给包吗？"甜甜有点担心地问。

"要相信科学计算，一定可以！"小酷胸有成竹地回答道。

几分钟后，他们收到了一条消息："已拿到燃料补给包，顺利前往火星，感谢相助——夏米丽，刘明梓，杨苏。"

"成功了！"飞船里爆发出热烈的欢呼，小伙伴们感受到了科学的力量！在热烈的讨论中，飞船无声地穿过宇宙，不断向前……

飞船

夏米丽小队的火星观察报告

"地球人大战外星人"小队学习群

夏米丽和队员们商量几天后准备安排一场关于火星有趣知识的分享会。

队员们分享的主题和任务分配如下。

夏米丽
主持人兼飞向火星主题分享

刘明梓
火星小档案主题分享

杨苏
火星车主题分享

火星分享会在线上会议室中按时举行，这次轮值的指导老师是实习生小许。

小许
指导老师

小队长夏米丽进行简短的开场介绍。

人类很早就开始探索火星了。在西方古代传说中，人们把这颗暗红色的星星看作战神的象征；它的亮度经常发生变化，在中国古代火星被称为"荧惑"，人们把与它有关的天文现象和战乱、灾难等联系起来，也有许多神话传说。天文望远镜出现后，人们发现火星表面上有阡陌纵横的类似河道的纹路，这些纹路好像是刻意开凿的运河，这不禁让人浮想联翩，火星上是不是也有类似的人类文明存在呢？一时间，影视小说中出现了各种火星人的形象，寄托了人们对火星这个邻居的美好想象。

接下来，请刘明梓分享"火星小档案"。

2.1 初识火星——火星小档案

 火星表面呈现红色，因为火星地表的岩层覆盖了很厚的铁氧化物；火星忽明忽暗（亮度忽高忽低），是因为它与地球之间的距离时近时远；中国古代典籍里记录的"荧惑守心"天象，曾被认为预示着要发生大的灾难，现在看来这些所谓的"预言"是没有科学依据的，这个天象与火星逆行有关，是地球与火星绕太阳公转周期不同导致的结果。18世纪，人们观察记录的火星表面的"运河"之谜，在"水手9号"探测器拍摄到大量的火星图像后揭开了谜底。火星上有蜿蜒曲折的河床，只是河水早已干涸，虽然现在的火星上没有河流和海洋，但通过地表留下的痕迹，可以推测在遥远的过去，火星上曾有河流的存在。这些河流为何消失？这也是人类想通过更深入探索火星来解答的疑惑。

火星是太阳系的八大行星之一，它的绕日轨道位于地球绕日轨道的外圈，火星公转周期大约为687天，一个火星日长约24小时40分，跟地球上的一天差不多长。火星属于类地行星，它上面的重力大约只有地球上重力的1/3。

不巧刘明梓那边的网络卡顿，线上会议室突然安静了。

 小许老师问："刘明梓，你还在线吗？"大家等了几分钟，刘明梓还没回复。小许老师建议："要不下一位同学继续？可能刘同学那边网络出了点问题。"

 夏米丽打开话筒，说："好的，小许老师，我准备好了。"

 跟其他行星相比，火星的探索难度较低，火星具有很多适宜探索的优势。木星、土星、天王星、海王星都是气态行星，探测器难以着陆；金星和水星虽然跟地球一样是由岩石组成的，但它们的表面环境非常恶劣，水星离太阳最近，早晚温差非常大，金星白天温度可高达500摄氏度，并且常年下酸雨。不要说人类生存了，探测器也难以在这样的环境中正常工作。火星上有陆地，气温与地球接近，和那几颗行星比起来，探索的难度"低"多了。即便如此，探索火星的历程也充满了艰辛曲折。接下来，请夏米丽分享飞向火星的经历。

2.2 飞向火星

2.2.1 发射窗口期

2020年7月23日，中国"天问一号"火星探测器发射升空。在此之前3天，阿联酋发射了"希望号"火星探测器，7月30日美国发射了"毅力号"火星车，航行的目标也是火星。为什么各国要选择相近的日期发射火星探测器呢？

因为在2020年7月左右，地球和火星处于一个特殊的相对位置——火星位于地球的前方44°处，即火星-太阳连线与地球-太阳连线夹角为44°，这时候发射飞向火星的飞船或探测器是十分有利的，当飞船或探测器沿着地球-火星转移轨道（灰色线）到达火星轨道时，刚好火星也运行到这个位置，这样最节省燃料。这种变轨方案是由德国物理学家瓦尔特·霍曼于1925年提出来的，所以也叫霍曼转移轨道。下一次出现同样44°相对位置要等到26个月以后，所以这个时期就会出现探测器扎前往火星行的情况，因为错过这次机会，下次发射至少要等26个月。这一时期叫作发射窗口期。

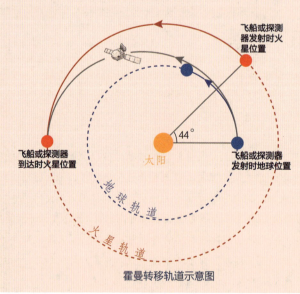

霍曼转移轨道示意图

2.2.2 登陆火星

探测器发射升空后，先进入地球轨道，随后进入地球-火星转移轨道，经过将近7个月的漫长飞行，终于抵达火星附近。如果要登陆火星表面，还要经历以下3个关键步骤。

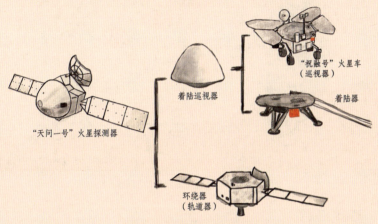

"天问一号"火星探测器的组成

一、转入火星轨道

探测器在飞越火星附近的时候，通过恰当的时机"踩刹车"减速，被火星引力俘获，进入环绕火星的轨道，成为火星的一颗卫星。"踩刹车"的时机选择和力度控制要非常精确，稍有偏差，探测器要么跟火星擦肩而过、越飞越远，要么直接撞向火星、粉身碎骨。

二、环绕器（轨道器）和着陆巡视器分离

跟其他几个步骤比起来，分离这一步并不十分惊险。以我国的"天问一号"火星探测器为例，首先是降轨操作，通过减速进入近火点50千米的大椭圆轨道。在离火星表面100多千米处，环绕器（轨道器）和着陆巡视器分离，这一刻标志着着陆巡视器着陆过程的开始。当两器分离并达到一定安全距离后，环绕器（轨道器）会再次点火加速，抬升至环绕轨道，并同时监测和拍摄着陆巡视器着陆过程。

简而言之，环绕器（轨道器）继续在火星周围飞行，站得高、看得远，它不但能勘测地形，选择适合着陆地点，还负责监测通信等工作。着陆巡视器则专注于减速以保障安全着陆，人们为它准备了哪些高招呢？

探测器近火点
降至50千米

两器分离
进入火星大气层
配平翼展开
降落伞打开
大底分离

雷达开机
着陆腿展开

抛降落伞和背罩
打开主发动机

悬停成像

着陆火星表面

"祝融号"火星车驶离着陆平台

"天问一号"火星探测器着陆示意图

三、着陆巡视器着陆

仍然以"天问一号"火星探测器为例，两器分离后，还要经历减速、悬停、着陆阶段。

减速

减速分三步，分别为气动减速、伞降减速和动力减速。

首先是气动减速，单纯依靠火星大气的摩擦力减速。配平翼展开，通过防热大底与火星大气摩擦减速，这个过程将减去大约90%的速度。接着，是伞降减速。降落伞打开，这时距离地面还有11千米。一段时间后着陆巡视器抛掉大底，测速测距雷达打开，为着陆提供导航信息。在距离火星表面还剩最后的1.5千米，准备轻装着陆。着陆巡视器抛掉背罩和降落伞，同时打开主发动机，向下喷火，动力减速开始。

悬停

调整发动机推力，使着陆巡视器在离地100米高度时速度降至零，达到悬停的状态。着陆巡视器下方的对地照相机拍摄地面图像并自主分析选择平整的适合着陆的地点。着陆巡视器调整姿势，前往着陆地点，并继续下降。

着陆

类似于人从高处向下跳的下蹲动作，借助着陆腿的缓冲结构抵消剩余的动能，着陆巡视器就稳稳地降落在火星表面了。

从着陆巡视器独自前往火星表面到安全着陆，整个过程大约持续了7分钟。由于地球与火星距离遥远，所有的步骤都由"天问一号"火星探测器自行完成，地面无法干预，所以这一过程被称为"魔鬼7分钟"。

以上的着陆过程叫作软着陆，这是一项成熟可靠的技术。早期登陆火星表面的探测器采用的是一种弹跳式着陆方式，简单来说，就是探测器被包裹在气囊中，硬着陆，就像从飞机上向下投递紧急救援物资一样，即高空抛物。

保护气囊

但是气囊的保护能力毕竟有限，随着探测器体积和重量的增加，硬着陆的方式已无法满足需求。于是，科学家们又为探测器加装上了各种各样的减速装备，如降落伞、反推发动机，来实现软着陆。具体的过程刚才以"天问一号"火星探测器为例介绍过了。除此之外，还有一种更精妙的软着陆方式。

例如，"好奇号"火星车的重量达到899千克，相当于一辆小汽车，其装载的科研仪器很精密。为确保万无一失，它在着陆时要保证视野范围清晰。而火星表面覆盖了厚厚一层沙尘，当它接近火星表面时如果采用反推发动机减速，喷气溅起的沙尘就会使对地相机视野模糊，从而影响判断。因此它采用了空中吊车的着陆方式，既实现了减速，又保证了视野清晰，从而实现了精准着陆。"毅力号"火星车也采用了空中吊车的着陆方式。

"天问一号"火星探测器的"祝融号"火星车重240千克，跟"好奇号"火星车、"毅力号"火星车比起来，"祝融号"火星车轻巧很多。由于我国火星探索起步较晚，作为首次尝试，我们采用的是比较成熟和稳妥的方案，也就是前面提到的经典的三段减速方案，待着陆巡视器着陆后再释放火星车。

我的分享就到这里，下面请杨苏向大家介绍火星车。

2.3 漫游火星——火星车

　　火星车也叫漫游车、巡视器，它可以在火星表面自主移动，探索更大的区域。火星的表面类似于地球上的沙漠和戈壁，平均每10年就会暴发一次全球性的大沙尘暴，而季节性的、日常的小沙尘暴更是不计其数。那么，为了适应火星的环境，火星车上都有哪些特别的设计呢？

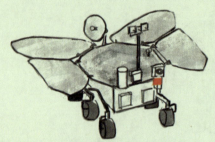

"祝融号"火星车

"好奇号"火星车

动力来源

　　火星车要移动并完成各种各样的探测任务，这些都需要动力。我国的"祝融号"火星车采用太阳能作为动力来源。由于火星距离太阳较远，光照比地球上光照弱，所以"祝融号"火星车上配备了更大面积的太阳能板（在月球上工作的"玉兔二号"月球车配备了2块太阳能板，"祝融号"火星车则配备了4块），就像蝴蝶的翅膀一样，这样可以接收更多的阳光。由于火星上多风、多沙尘，这对太阳能供电构成了巨大挑战。漫天沙尘会削弱阳光，沙尘堆积在太阳能板上，会大大降低其工作效率。例如，曾经工作了15年的"机遇号"火星车，在2018年火星上的一次大型沙尘暴后与地球失去了联系，如果没有那次沙尘暴，"机遇号"火星车没准现在还在工作呢。所以，"祝融号"火星车是如何应对沙尘暴天气的呢？它的太阳翼上覆盖了一层新型不易沾灰的材料，还可以通过振动来抖掉身上的沙尘。甚至也可以利用火星上的风，风吹来的沙尘，也可以被风吹走。

　　目前在火星上，最强大的能源是核动力电池。"好奇号"火星车有900多千克，接近1吨，它携带了很多科学探测装置，相当于一个小型移动实验室，仅依靠太阳能是远远不够的。它使用的是一个基于钚-238的放射性同位素热电池，这种电池不受昼夜和天气的限制，可以在任何情况下持续输出125瓦的电力。"毅力号"火星车使用的也是核动力电池。

避障（移动，越野）

火星和地球之间的距离变化幅度很大，最远的时候超过4亿千米，大约是地球和太阳之间距离的两倍。由于火星上的信号到达地球要十几分钟，所以火星车还得具备自己照顾自己的能力。

由于火星表面遍布坑洼和石头，所以"祝融号"火星车配备了先进的主动悬架系统，具有蟹行、抬轮、车体升降等多种运动模式，能越过石块障碍，即使陷入坑里也能自行脱困。

我的分享就到这里，谢谢大家。

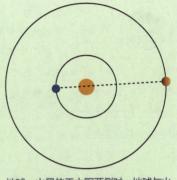

地球、火星位于太阳两侧时，地球与火星之间的距离最远

不好意思，刚才我掉线了，咱们分享到哪儿了？

小许老师接过话筒，"刘明梓同学，你来得刚好，带大家继续认识火星，做个总结吧。"

2.4 再识火星

18世纪，人们从天文望远镜里看到火星表面有类似河流的地貌，于是"火星上到底有没有水"这个问题一直让人们感到困惑。到了1965年，美国的"水手4号"探测器成功飞越火星，这是人类飞行器第一次"到达"火星，自此这个疑问才慢慢被解答。"水手4号"探测器发现，火星上并没有河流，也没有任何生命迹象，火星表面有大量的撞击坑。火星上有磁场，但不像地球那样具有全球性的磁场。火星的大气层很稀薄，其大气压只有地球的百分之一。

科学家们推测，火星过去可能也有像地球一样浓密的大气层，河床里也有丰沛的水。证据是，"好奇号"火星车在赤道附近的盖尔陨石坑中发现了一些光滑的小块鹅卵石，它们与地球上的河床沉积物中的鹅卵石十分相似，表明它们可能是被水流冲刷磨蚀形成的。"好奇号"火星车还发现了一些地质特征留下了水和风共同作用的痕迹。通过分析火星上的土壤样本和岩芯样本，科学家们推测，大约在40亿年前，盖尔陨石坑被巨大的洪水冲刷过，而巨大的洪水可能跟陨石撞击产生的巨大能量有关，陨石撞击产生的能量击碎了表面的冰层，继而掀起滔天巨浪，形成了大洪水。那么，曾经的水和冰都去哪里了呢？

由于火星没有全球性的磁场，太阳风可以直接抵达火星，将火星高层大气中的带电离子带走。不只是平常的太阳风，不时出现的太阳风暴对火星大气层的冲击更加剧烈，尤其是在太阳系形成早期，相比现在太阳风暴更加频繁。火星曾经的浓密大气层，就这样年复一年地被太阳风吹散了。失去了大气层的"保湿"作用，原来火星上的水也随之蒸发殆尽。而我们所在的地球，由于有全球性磁场的保护，带电的太阳风离子无法直接抵达地球大气层。磁场保护了地球大气层，地球大气层保护了地球上的水资源。

现在，火星表面只留下了宽阔的干涸的河床和水流冲刷过的痕迹，那么，在火星表面以下是否还有水存在呢？

2012年，欧洲航天局"火星快车"空间探测器拍摄到了火星南极的冰帽，由冰冻的水和二氧化碳组成。2018年，更惊人的发现出现，"火星快车"上的雷达探测到火星表面以下水的信号。通过向火星南极冰面发射无线电波，科学家可以窥见冰层下的细节。无线电波在穿越冰层以下物质时会损失能量，当它们反射回雷达时，信号会变得很弱，但是经过液态水反射的无线电波能量的损失会很小。所以，当从火星某个区域冰层以下反射回来的信号很强，就可以判定这里可能存在液态水。进一步探测发现，这些液态水的含盐量很高，其浓度是地球海水盐分浓度的6倍以上，目前看起来没有生命存在的可能。也许将来可以把这些液态水抽出来并提纯，为人类的生活和种植提供水源。液态水的存在让未来人类在火星上生活有了可能。

小许老师补充说："也有研究认为，火星南极冰层下的反射信号强不能证明一定存在液态湖泊，这些反射信号与火星表面随处可见的火山平原反射相似，因此存在液态湖泊也可能只是个乌龙事件，可能只是火星南极冰层下的火山岩。

刘同学请继续——"

火星上的大气压只有地球的百分之一，火星的大气中约96%是二氧化碳，其次是氮和氩。如果只看二氧化碳，火星上的二氧化碳浓度是很高的，这使已在实验室中实现的人工光合作用有可能会在火星上得到应用。如果火星上广泛实现了人工光合作用，就可以把阳光、水和二氧化碳转化成氧气和其他化学用品。人类将来在火星上生活就有了氧气和其他化学用品的保障。

载人登陆火星虽然困难重重，不知道什么时候才能实现，但科学家们已经在为实现这个目标做各种准备了。人类探索的脚步将永不停止。

我们的分享就到这里，谢谢大家。

2.5　火星插曲：失败的例子

1960年，苏联首次尝试发射火星探测器，但由于第三级火箭发生故障，火星探测器尚未进入地球轨道，因此该探测器没有被正式命名。

1962年，苏联的"火星1号"成功发射升空，但在前往火星的途中与地球失去联系。

1964年，苏联的"探测器2号"进入火星转移轨道后，太阳翼没有完全展开，不久后与地球失去联系。

1971年，苏联的"火星2号"发射升空，长途跋涉后顺利进入环火星轨道，着陆时由于降落伞未能成功打开，着陆器在火星表面坠毁。

1971年，苏联的"火星3号"发射，由于燃料损失，未能进入预定的火星轨道，而是进入一条大椭圆长周期轨道，最终成功在火星表面着陆，并向地球发回了14.5秒的数据。不过可能受到火星沙尘暴和日冕活动影响，着陆器最终与地球失去联系。

1998年，美国的"火星气候轨道器（MCO）"，在减速进入环火轨道的过程中提前与地球失去联系，之后便再无音信。据推测，它可能撞击火星坠毁。调查结果显示，失败的原因是英制单位和公制单位换算的错误。

1999年，美国的"火星极地登陆者号"探测器实施着陆时，在距离地面40米的高度意外提前关闭反推发动机，导致"火星极地登陆者号"探测器以22米/秒的速度坠毁。

第三章
暗淡蓝点：飞出太阳系

03

帮助了夏米丽小队后，探索者小队继续前行，旅行的下一站是木星。

木星是一颗气态行星，它拥有一个标志性的大红斑。这个大红斑其实是一个超级大风暴气旋，从木星被发现以来就一直存在。据科学家观测，大红斑在过去的几十年中正在慢慢缩小。

大红斑是木星上的一个超级大风暴气旋

"既然木星是一颗气态行星，那你们说，如果我们从这里跳下去，能不能直接穿过木星，跳到它的另一头去？"阿亮凝视着飞船观测屏上的木星，"脑洞"大开地说，"就像穿越云朵一样。"

"木星上都是狂暴大气，我劝你冷静，"小酷在座椅上伸了个懒腰，接着说，"而且，我们的燃料也不允许我们任意刹车或加速了。"

小酷的话反而激发了阿亮的好奇心："假设没有燃料的限制，你们想不想尝试一下？"

甜甜和小酷一起摇头："活着不好吗？"

阿亮像是跟这个想法较上了劲："那你们说，要是保护措施超超超……超级好，我们有没有可能直接穿过木星啊？"

像穿越云朵一样穿越木星

这个问题难住了小酷和甜甜，他俩对这个事情还真不了解。

"哎，既然在这个游戏里，夏米丽他们能和我们通信，我们要不要问问其他小队有没有人去木星，让他们试试能不能穿过去？"阿亮像电影中的反派一样，说完嘿嘿嘿地笑了起来。

甜甜没好气地白了他一眼，不过还是开始调频寻找。不一会儿，她惊讶地发现："竟然还真有个小队选了木星。"

"呃，他们就是'三体征服者'呀……"看到对方的名字，小酷做出扶额的动作。

当通信请求发送过去的时候，对方显然在一个信号不太好的地方，因为视频根本接不通，他们彼此看不到对方的面容，就连声音都是时断时续的。

"喂，对面的同学们，你们还好吗？"阿亮关切地询问对方。

"糟透了！我们没想到木星是个气态行星！而且根据我们的了解，它内部的压力巨大，温度超高，我们查了飞船计算机里所有的资料也不知道它的核心是什么。我们扔下去好几个探测器，全都被风暴撕碎了，它们才飞进木星云层十几千米而已。我们这个任务八成要失败了！"对方大声地说道。

"啊——"3人发出了惊呼，这是他们第一次对木星的"狂暴大气"有这么直观的认识。

阿亮对着话筒大喊："那你们收集到了木星的其他信息吗？说不定也可以获得积分，帮助你们完成挑战！"木星风暴的威力虽然强大，但他仍不死心，继续大喊："还有啊，要是人类穿着超级超级超级完美的太空服跳下去，有没有可能穿越木星啊？"

"你在想什么呢！"对方听起来好像有点生气，"木星磁场非常强大，如果离开飞船保护，人类跳下去就会吸收到瞬间致死的辐射！真跳下去的话，木星巨大的引力会把你加速到将近50千米/秒，此时你与木星大气摩擦产生的激波温度将超过8500摄氏度。即使你的太空服足够完美，足以隔离辐射和高温，并为你配备了氧气瓶，让你能在这一片超过200摄氏度高温的黑暗里继续减速降落……"

"为什么是减速降落？"阿亮打断对方问道。

"当你进入木星最上面的大气层时，减速就开始了！对了，在你减速减得最快的时候，你会经历相当于230G大小的阻力。"

小酷快速计算了一下，补充道："相当于不慎从16层楼上掉下来，然后脸着地。"小酷的声音很平静，但阿亮还是吓得吐了下舌头。

对方越说越激动，"再进一步靠近木星时，你周围的大气密度会越来越大，当你降落到大气密度与你自身的密度差不多的位置时，你就可以永远飘浮在这里了……"

对方发送过来了一张图片，图片显示在一个不含任何杂质的漆黑环境中，有一片小小的等离子体在发光，对方说："你要祈祷这件太空服真的足够完美，毕竟这里的气压大概比地球要高1000倍，温度嘛，也就跟太阳表面差不多而已。看到那团漂亮的等离子亮光了吗？那估计就是你最后的造型了。"看来"三体征服者"在尝试降落木星的过程中，通过飞船计算机里的资料库查了不少关于木星的资料，可惜没一条能帮助他们成功登陆，所以他们的心情极差，讲起话来也特别激动。

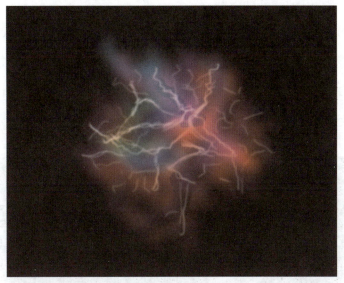

在一个不含任何杂质的漆黑环境中，有一片小小的等离子体在发光

"居然还有点儿好看呢……"阿亮忍不住说道，"如果我们继续深入木星，会发生什么呢？"小酷和甜甜拼命想捂住他的嘴，但是来不及了。

"……"对方显然也没想到阿亮好奇心这么重，所以一时语塞，停顿了一会儿才说："木星深处大概有100万个标准大气压，科学家预测氢会在这种压力下变成液态金属。人类的体内约有62%的原子是氢原子，继续深入木星会有什么结果，你自己想想吧。"说完，对方就切断了通信，留下一脸愕然的阿亮和终于忍不住笑出声的小酷、甜甜。

飞船在继续飞行。

3人继续欣赏着窗外壮美的景观。在"遇见伽利略：四个'月亮'"那一关游戏里，他们通过望远镜解开了"Four moons"之谜；现在乘坐飞船，到达木星附近再看，他们发现木星的卫星远远不止4个。作为太阳系中质量最大的行星，木星捕获更多的卫星似乎也不足为奇。

3人一边回忆着游戏中"Find four moons"的情节，一边看着木星逐渐被飞船抛到身后，前方出现的星球是土星。

土星的周围环绕着一圈壮丽的光环，在地球上即使用上百倍的望远镜观察土星，视野里的土星也只有绿豆大小，光环并不明显。事实上，这束光环是由数十亿微小的冰和岩石颗粒，以及大而分散的巨石组成的。和木星一样，土星也是气态行星，它的大气层主要成分是氨。

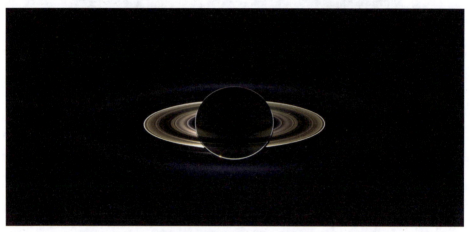

美丽的土星环（图片来源：NASA）

氨是一种具有类似农家肥气味的有毒气体。可能很多人在化学课上，见过老师轻轻将氨气扇入鼻端的示范，甚至还有同学在老师的指点下闻到过氨气的味道——刺鼻且熏眼睛。如果有朝一日，你有机会造访土星，除非你戴好防毒面具，否则最好还是保持距离，远观为妙。

就在探索者小队安静地欣赏土星的时候，屏幕突然亮了起来，并播放了一段短片，短片介绍了人类观察土星的历史。

在努尔哈赤建立大金（史称"后金"）的这段时间里，在遥远的西方，伽利略率先将他的天文望远镜对准了土星。从他绘制的草图来看，图中圆环的上下两段都被土星遮盖，显然那时候的他还没有发现，土星环是围绕着土星的。

伽利略记录的土星

到了1659年，荷兰天文学家惠更斯发现，土星环在空间中总是指向固定的方向。当它以不同的角度朝向地球时，我们会看到光环的圆缺变化。十几年后，天文学家卡西尼首次观测到了"卡西尼环缝"——那是一片物质稀疏的区域，也是土星最显著的特征。

直到20世纪80年代初，"旅行者1号"和"旅行者2号"飞越土星之后，我们才发现原来土星环并不是静止的，它的微粒会在引力的扰动下呈现出一些暂时的形态变化。

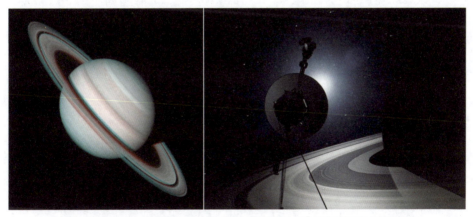

左图："旅行者1号"拍摄的土星环；右图："旅行者2号"拍摄到更多土星环细节

1997年，"卡西尼－惠更斯号"探测器发射升空，它于2004年进入环绕土星转动的轨道，此时土星北半球正处于严冬。在观测了土星北半球冬、春、夏3个季节之后，在北京时间2017年9月15日，"卡西尼－惠更斯号"探测器的燃料燃烧殆尽，在科学家的操控下，它以主动坠毁的方式，缓缓滑入土星的大气层，化为一簇璀璨的宇宙焰火，结束了它长达20年的征程，与土星融为一体。

"卡西尼－惠更斯号"探测器和土星（图片来源：NASA）

短片播放至此结束。就像湖底涌出的热泉，一股热血在他们心底激荡开来，难以平复。

"我想为'卡西尼－惠更斯号'配一首交响乐，"甜甜感慨道，"贝多芬的《命运交响曲》。"

飞船继续前行。

"你们看！"阿亮指着仪表盘，"不知不觉，我们都飞这么远了！"

仪表显示，他们已经到达距离地球64亿千米外的空间，已经飞过了冥王星，现实中"旅行者1号"飞到这里，足足用了13年的时间，他们却只用了十几分钟。飞船上的高分辨率望远镜开始转向，对准了后方的地球。镜头中的画面呈现在屏幕上，地球看起来像一粒微不足道的小尘埃，而这粒尘埃，却是人类文明的摇篮。

"我们这是看见了'暗淡蓝点'啊。"阿亮想起了自己在天文馆里看到的那张著名的照片。

"是啊，地球在宇宙中是那么的渺小。"小酷感叹道。

"而我们还要飞出太阳系，去往更遥远的地方……"不知怎么了，甜甜最初的那种激动，逐渐转化为一种离开"家园"的悲伤。

接下来，他们加速飞过天王星、海王星，进入柯伊伯带。这里有许多尘埃和冰冻体，它们像行星一样围绕太阳运行，偶尔有些星体受到扰动而脱离原来的轨道飞向太阳，成为太阳系内的彗星。

1990年2月14日，"旅行者1号"在距离地球64亿千米的地方拍下了"太阳系全家福"，这张"全家福"由60张照片拼接而成，包含太阳系内的6颗行星，金星、地球、木星、土星、天王星、海王星的照片。

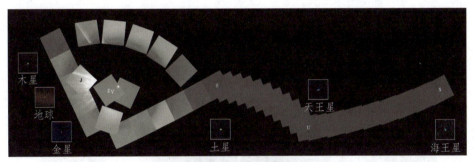

"旅行者1号"拍摄的"太阳系全家福"

暗淡蓝点

"看！那颗星上有爱心！"阿亮指着前方激动地说。

"是冥王星！"甜甜也激动起来："跟2018年'新视野号'拍回来的一模一样！"

"本来就是实拍的嘛！"阿亮忍不住笑起来，"肯定一模一样啊！"

"我的意思是，算是'亲眼'看见了嘛！"甜甜撅起嘴，不停地解释。

"曾经的第九大行星啊。"小酷感叹道。

"太阳系不是只有八大行星吗？"阿亮惊讶地问。

"你不知道也正常，"甜甜捂嘴笑道，"毕竟冥王星被'踢'出太阳系九大行星是在2006年，你还没出生呢。"

左图：1994年哈勃空间望远镜拍到的冥王星；右图：2015年7月"新视野号"飞越冥王星时"近距离"拍摄的照片（图片来源：NASA）

"啊，还有这事儿，快给我讲讲！"阿亮好奇极了。

"说起来，这事跟它还有些关系，"小酷指着远处一颗比较小的天体说，"那是阋神星，当年它被发现的时候，还被NASA等组织称为'太阳系第十大行星'，它比冥王星还大一些呢。"

"所以？"阿亮扬了扬眉毛，疑惑道。

"后来科学家发现太阳系中有太多类似大小的天体了，所以国际天文学联合会（IAU）重新对行星进行了定义，"甜甜接着解释说，"冥王星被'踢'出了太阳系九大行星，和阋神星一起被定义为矮行星，英文叫作dwarf planet，矮行星也叫侏儒行星。"

"原来是这样……"阿亮连连点头，"又学到新知识啦。"

此时他们已经接近太阳系的边缘，来自太阳的太阳风在这里形成了一个延伸到行星轨道以外的气泡，这个气泡被称为日球层。飞船正在努力穿越日球层。地球早已不见了踪影，发光的太阳也越来越远。

"哇，我们要冲出太阳系了！"阿亮指着仪表盘，兴奋之情溢于言表。

"就像当年的'旅行者1号'一样！"小酷也忍不住激动起来。

"'旅行者1号'并没有飞出太阳系！"甜甜纠正道，"它飞了40多年，还没有飞出太阳系呢。"

"太阳系可真大！"阿亮感慨道。

"比你想象得还要大！"甜甜认真地看着阿亮，"听说，照现在的飞行速度，还要飞2万年才能飞出太阳系呢！"

"'旅行者1号'……"小酷拍了拍自己的脑袋，"我记不得了，它还在飞吗？"

"它还在飞呢，2012年8月，NASA宣布它已经冲出太阳风的影响范围，代表人类第一次抵达星际空间。从1977年发射升空到现在，它已经飞了40多年。"甜甜回答。

"如果它有足够的能量，能长长久久地飞下去，某一天会不会飞出宇宙？"小酷问。

甜甜想了想，回答说："根据哈勃的研究，宇宙在膨胀，而且膨胀得越来越快，如果飞船能追上宇宙膨胀的速度，飞到宇宙的边缘，兴许会发生点什么。"

"会不会飞进一个新的宇宙？"阿亮猜测，他生怕自己没讲明白，还比画了一下，"就像，飞出一个肥皂泡泡，又一头扎进了另一个！"

"这不就是'多宇宙说'吗？"小酷凑到阿亮身边，两人一起看着外面壮阔的宇宙，"这是关于宇宙的一种假说，我之前在墨子沙龙天文主题的报告中听到过，还没有得到科学证实呢。"

甜甜说："说不定会回到过去呢？听说过去的宇宙是很小的，刚开始的时候就只是一个'点'呢！"

小酷说道："这就不得不提到宇宙的起源了——科学家也是这么推理，才得出宇宙大爆炸起源学说的。"

飞船突然剧烈颠簸起来，3人被吓了一跳，系统提示音响起："即将退出游戏。"还没反应过来，3人眼前已经一片黑暗，回到了现实世界。

"蒋老师，发生了什么？"小酷一头雾水地问已经站在他们面前的蒋老师。

"恭喜你们，你们已经通关了！"蒋老师鼓掌道。

"可是我们还没完成任务啊，我们还没飞离太阳系呢。"甜甜说。

"哈哈，我们这个游戏是根据最新的宇宙学知识设计的，现在的航天技术还不足以让我们飞到太阳系以外，你们真的飞出去了，我们也模拟不出来啊。"蒋老师很认真地说。

"那这个游戏就这么结束了吗？我们都还没玩够呢。"阿亮噘着嘴说。

"别着急，下节课会有更有趣的内容！不过暂时保密，"蒋老师还卖起了关子，"我们先继续学习有关太阳系的内容。友情提示，内容较多，不用做笔记，课堂资料回头会发给大家。"

蒋老师的太阳系小课堂

3.1　太阳

古往今来，太阳在人类生活中一直发挥着非常重要的作用。很早以前，人们就发现了太阳的运行规律（严格地说，是太阳在天球投影的运行规律），并以此建立了最早的时间概念——"日"和"年"。太阳升起落下和"日"的概念有关，太阳高度角的周期变化和"年"的概念有关。

方位概念的建立，也依赖于对太阳的长期观察。古人把太阳升起的方位定为东方，把太阳落下的方位定为西方。他们还进一步发现，太阳并不总是从同一个地方升起的，有时候偏南一点，有时候偏北一点。通过更精确的观测，古人才确立了正东和正西方向，并将垂直于东西的方向规定为正北方向和正南方向。

在古希腊神话中，太阳神赫利俄斯每天驾着马车自东向西在天空巡游

太阳带来了光和热，孕育了万物，使植物生长，它与农业生产紧密相关。在中国和西方的古代神话中，有很多关于太阳的传说，这反映了人们对太阳的无比崇拜。

太阳占据了整个太阳系99.8%以上的质量。太阳的直径是地球的109倍，如果把太阳比作一个西瓜，地球差

山东武梁祠东汉画像石上的扶桑树。在中国神话传说中，太阳住在扶桑树上，御日之神羲和每天驾驶马车，带着太阳赶路

不多相当于一颗绿豆。太阳的密度比地球小，它由炽热的气体组成，主要成分是氢。

太阳与地球相距约1.5亿千米，从太阳发出的光需要大约8分20秒才能到达地球。跟其他恒星比起来，太阳是离我们最近的恒星。太阳也是我们唯一能在白天看

到的恒星，夜空中可见的其他恒星离我们太远了，所以我们感受不到它们的温度。太阳和地球之间的距离恰到好处，使地球上的温度不太冷也不太热，太阳源源不断地向地球输送光和热，养育了地球上的生物，是地球上能源的来源。

太阳的内部结构分为3层，从内到外分别为核心、辐射层和对流层。

太阳核心相当于一个巨大的核能反应堆，在高温高压下发生着核聚变。比起单独存在时的原子核，原子核结合在一起时能量更低、更稳定，自然界中的物质更倾向于处于低能量的状态。在太阳的核心，4个质子（氢原子核）变成1个氦原子核时，会发生质量亏损，根据爱因斯坦的相对论，质量就是能量，亏

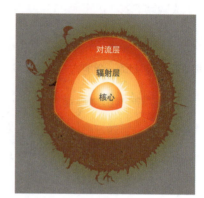

太阳的结构（内部）

损的质量转化成能量释放出来，同时释放出大量伽马射线，这就是太阳光的来源。

太阳核心核聚变产生的能量被周围的气体吸收，气体发热膨胀，产生向外的压力，这种向外的压力与太阳自身物质向内的引力达成平衡，所以太阳能保持稳定的状

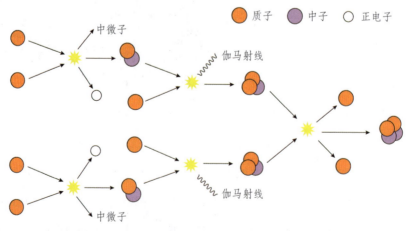

核聚变（质子-质子链反应），4个质子（氢原子核）变成1个氦原子核

态，成为一个稳定、巨大、炽热且明亮的气体球。

太阳的大气部分从内向外也分为3层，分别是光球层、色球层和日冕。

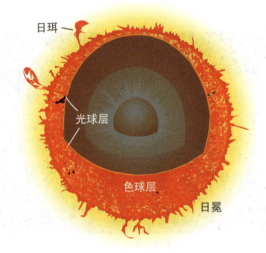

太阳的结构（大气部分）

我们接收到的太阳光和能量基本上是最里面的光球层发出的，光球层非常明亮，以至于更外侧的色球层和日冕反而难以观察。

日珥是一种太阳活动现象，它发源于色球层，日全食时可以观察到太阳边缘的日珥，像喷出的火舌。日珥爆发时，会向日冕抛出大量高速物质。

日冕位于太阳大气部分的最外层，温度高达100万摄氏度，厚度达几百万千米，平时我们看不到日冕，只有在发生日全食时才能看到日冕（或者通过日冕仪）。日冕的形状随着太阳活动的强弱变化而变化。日冕上有冕洞，它是太阳风的来源。太阳风其实是超声速等离子体（带电粒子流），彗星的尾巴就是由太阳风"吹起来"的。因为地球大气层和磁场的保护，平常的太阳风对地球上的生物影响不大。但如果遇到太阳风暴，其威力不容小觑。太阳风暴中的带电粒子会损坏人造卫星的内部器件，扰乱地球电离层从而干扰无线电通信，还会引起地球磁场的剧烈变化，由此产生的感应电流会烧毁地面输电网络的变压器。

太阳的高温和高辐射对探测器是一项很大的考验，所以目前对太阳的探索主要还处在"远观"阶段。通过地面望远镜和空间望远镜，我们可以观察到不同波长的太阳图像。

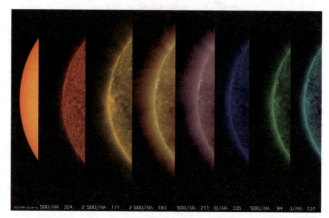

太阳动力学天文台（SDO）拍摄的不同波长的太阳图像（来源：NASA）

目前距离太阳最近的探测器是"帕克太阳探测器"，它是第一个飞入日冕的飞行器。

2021年，我国发射了"羲和号"太阳探测科学技术试验卫星，该卫星主要对太阳Hα波段光谱进行探测成像，这标志着我国进入了探日时代。

3.2　八大行星

如果大家翻看2006年之前出版的天文科普书、教材等，就会发现书中常提到太阳系"九大行星"——水星、金星、地球、火星、木星、土星、天王星、海王星、冥王星。现在我们知道，太阳系实际上只有八大行星（八大行星的特征如表3-1所示），冥王星不在其列。它并不是消失了，而是人们重新定义了"大行星"，冥王星便不再属于此类，而被划入"矮行星"。行星的传统定义是自身不发光，环绕着恒星的天体。其公转方向常与所绕恒星的自转方向相同。一般来说行星需具有一定质量，行星的质量要足够大（相对于月球）且近似于圆球状，自身不能像恒星那样发生核聚变反应。

2006年，国际天文学联合会重新对"大行星"进行了定义，"大行星"需满足以下3条标准：

（1）围绕太阳进行公转运动；

（2）依靠自身的质量保持球状；

（3）是自己轨道附近唯一显著的天体，并且清除了轨道附近的其他天体。

太阳系八大行星示意图

根据新的定义，冥王星满足第一条、第二条标准，但是不满足第三条标准。冥王星位于柯伊伯带，柯伊伯带有点像小行星带，比小行星带更宽、更高。从1992年起，人们陆续在柯伊伯带中发现了许多跟冥王星体积相当的天体，如阋神星，它比冥王星还要大，差点就被认定为是太阳系第十大行星。可见冥王星并不是柯伊伯带中唯一的显著天体，它和阋神星都被划分到矮行星中，介于大行星和小行星之间。在火星和木星轨道之间，还存在一片小行星密集区域。在这片区域中有50万颗以上的小行星，而谷神星是小行星带中唯一的矮行星。

3.3 行星档案

表3-1 行星档案①

行星名称	赤道直径/千米	质量（假设地球是1）	与太阳的平均距离/AU	公转周期/地球日	自转周期/小时	重力（假设地球上是1）	构成	磁场	气体成分（近似值）	卫星数目	环	季节	天气	特征
水星	4879.4	0.06	0.4	87.97	1408	0.38	岩石	有	几乎没有空气	0	无环	无	无	盆地、峭壁、坑洞、环形山
金星	12103.6	0.82	0.72	224.70	5832	0.91	岩石	无	浓密大气，主要是二氧化碳，温室效应很明显	0	无环	无	风、硫酸雨	丘陵山地、低洼平原、高原
地球	12756.278	1.00	1	365	24	1	岩石	有	浓密大气，78%的氮气，21%的氧气，1%的其他气体	1（月球）	无环	四季	雨、雪、风等	高原、山脉、平原、盆地、江河湖海
火星	6794	0.10	1.5	687	25	0.38	岩石	有	大气稀薄，主要由二氧化碳、氮气和氩气组成	2	无环	四季	沙尘暴	撞击坑、峡谷、沙丘、奥林匹斯山（太阳系最大的火山）
木星	142984	318	5.2	4333	10	2.5	气体	有，很强大	浓密大气，大部分是氢气、氦气，有少量甲烷	95②	有环	无	强烈风暴	大红斑

续表

行星名称	赤道直径/千米	质量(假设地球为1)	与太阳的平均距离/AU	公转周期/地球日	自转周期/小时	重力(假设地球上是1)	构成	磁场	气体成分(近似值)	卫星数目	环	季节	天气	特征
土星	120536	95	9.5549	10752	10	1.06	气体	有、很强大	浓密大气，96.3%的氢气，3.25%的氦气，少量甲烷	146③	土星环由大量碎石块构成	四季	大型风暴	土星环、北极六边形风暴
天王星	51112	14.54	19.2184	30689	17	0.9	气体、冰	有	浓密大气，83%的氢气，15%的氦气，2%的甲烷	28	有环	漫长的季节变化	多云、风暴	暗斑
海王星	49528	17.15	30	60148	16	1.1	气体、冰	有	浓密大气，85%的氢气，13%的氦气，2%的甲烷	16	有环	漫长的季节变化	多云、风暴	超级风暴

① 此表中的数值均为近似值。

② 截至2024年，国际天文学联合会（IAU）官方认证的木星卫星数目。

③ 截至2023年，IAU官方认证的土星卫星数目，还有更多的土星卫星等待IAU官方确认。

3.4　寻找生命的踪迹

现在的研究认为，在宇宙中，太阳只是一个平凡又普通的恒星。再过大约50亿年，太阳会步入老年，变成一颗红巨星，等到所有的燃料消耗尽，最终变成密度更大的白矮星。关于恒星的分类和演化，我们将在后文详细讨论。

但对我们来说，太阳绝不平凡，地球是人类诞生的摇篮，太阳系是人类的家园。地球位于太阳系内的宜居带，在宜居带内，水可以以液态的形式存在，温度适宜。虽然月球离地球很近，但其表面极度干燥，没有生命。火星上曾经有过充裕的水，现在只留下了干涸的河床，人们猜测，火星上有可能曾经存在过生命，火星车现在还在继续寻找生命的痕迹。从20世纪70年代起，人类便陆续发射深空探测器，造访了木星、土星、天王星、海王星，探索太阳系的边缘。在"旅行者1号"和"旅行者2号"探测器上分别搭载了一张金色碟片，碟片里面录制了55种人类语言的问候语，还有大量的音乐、图片，展示了地球风景、人文科学知识。如果将来有地外智慧生命捕获了这张碟片，他们也许可以根据上面的信息和地球人取得联系。

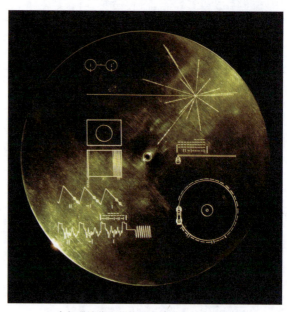

金色碟片背面刻的图案（来源：NASA）

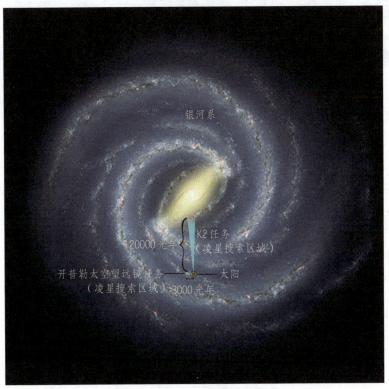

太阳在银河系的位置（来源：NASA）

第四章
回到原点：宇宙往事

"你们说，蒋老师是什么意思啊，游戏里明明有飞出太阳系的选项，结果她跟我们说游戏模拟不出来。"小酷一进门，就听到了阿亮的大嗓门。

"夏米丽，你们的负责老师有没有说这节课我们要做什么？"甜甜问。

"没说啊，老师只说接下来的课会超出我们以前对所有课程的认知。"看来老师们都守口如瓶，夏米丽所在的小组也没得到任何消息。

"嗨，既来之则安之，进入游戏才知道当天内容，这不一直是墨子沙龙的科学课的一大'特色'嘛。"小酷乐呵呵地自我安慰道。

"没错。"不知道什么时候，蒋老师来到了他们身后，"赶紧去后面上课啦。"蒋老师指的"后面"，就是多媒体教室后面放置了大型VR座椅的房间。大家一听又要用到这套座椅，都兴奋地一拥而上，乖乖坐好并系好安全带，几位负责老师给他们做最终检查，一切准备就绪。

"同学们，我们今天将会'离开'太阳系，不过这个'离开'是打了引号的。"蒋老师对所有的同学说，"你们将作为墨子沙龙最新的VR游戏篇章'宇宙探索：回到原点'的第一批体验者，感受宇宙的奥秘。为了更好地让你们适应游戏环境，获得更好的游戏体验，在刚进入游戏的时候，系统会暂时关闭你们的视听体验，也就是说——"

"我们看不见也听不到？"阿亮抢问。

"没错！"蒋老师微笑着说。

"那我们在游戏里还能做什么？"夏米丽追问。

"去感受，用你们的心去感受。"蒋老师意味深长地说，"好啦，游戏马上开始，请大家做好准备！"话音刚落，她就按下了开始键。

首先是一阵嘈杂的噪声。

然后，同学们陷入了安静和黑暗中，他们感到被一股气流裹挟着，一路向前，大家不由自主地闭上了眼睛。

小酷感觉，他们好像坐在飞驰的列车上，只是看不到目的地，也听不到车子的声音。突然，车子紧急刹车，前方好像遇到了障碍物，软绵绵、黏糊糊的，说不出的奇怪感觉。终于，车子行驶了一段路程后停了下来。

同学们陆续睁开眼睛，但眼前仍是一片漆黑，四周一片沉寂。

甜甜想说点什么，但是说出的话仿佛被周围吞噬了，不免有点儿害怕。同时，她又有一种强烈的信念——伙伴们就在身边。她感觉手上的卡扣有点松动，于是尝试向两边试探，手真的可以伸出去，而且也有别人的手向她伸来。在左右手分别被握住的一刹那，她的心安定下来了。

此时，系统冰冷、机械的提示音响起："回溯宇宙发展进程结束，已抵达宇宙边缘。"

4.1 第一缕光

突然恢复的视觉让大家有点儿不适应，他们下意识地遮住眼睛。紧接着，一股巨大的气浪袭来，他们被卷起，然后又被重重甩了出去，撞到了一堵看不见的墙上，那种腹背夹击的压力让人透不过气来。

勇敢的甜甜稳住心神，定睛观察，她被眼前的景象惊呆了。

他们3个，变成了纸片人？！

他们3个像3个纸片人一样贴在一个球的边缘，当甜甜向左、右看去的时候，她就像毕加索的名画一样，眼睛和鼻子一会儿转移到左边，一会儿转移到右边。小酷看着甜甜的样子，忍不住笑了起来，但他不知道自己笑起来的样子也同样滑稽。

笑声此起彼伏。这表明视觉和听觉都恢复了，令人安心不少。

球面上的投影

系统的声音响起。

"你们正在经历从奇点到宇宙形成中二维向三维的转变。现在，二维中间状态解除，即将进入三维状态。"

话音刚落，又是"轰"的一声，无形的墙就消失了，还没来得及完全适应纸片人的身体的他们再次被甩了出去。这回与刚才腹背夹击的感受不同，他们仿佛一下子落入一个空旷无垠、毫无边界的自由世界。

"暴胀结束，进入三维空间。"又是系统机械的提示音。

小酷低头看向自己的身体，他发现自己变成半透明的状态了。这是一种很奇怪的感觉，他的手好像可以穿透身体，但是他又能感觉到自己的四肢。他看向四周，其他同学也都是同样的"半透明"状态，飘浮在空中。

大家既好奇又兴奋，阿亮指着前方大喊："你们看！"小酷和甜甜向前望去，只见一个透明的泡泡向他们飘来。

阿亮划了两下，身体向前迎过去。他伸出手臂，手指轻轻一点，泡泡爆开了。在爆开的瞬间，眼前一闪，但与他们平时熟悉的白光完全不同。系统提示，这是宇宙大爆炸时产生的第一缕光。

第一缕光从何而来？有科学家推论在宇宙大爆炸的一瞬间，大量能量被释放，空间充满了夸克−胶子等离子体，然后所有粒子获得质量，夸克−胶子等离子体冷却下来，形成中子和质子。很快，正反物质湮灭，氘核产生，释放出光子。

它圣洁无瑕，但又包罗万象，仿佛是盘古开天辟地，冲破了混沌。

他们被一种从未有过的感受笼罩了，耳畔响起了好像是来自太古的乐音，又像是湖面泛起的涟漪。那是宇宙的初啼，从大爆炸那一刻起，这声初啼随着时间之箭奔向远方，奔向未来。他们不知道的是，此时他们感受到的是宇宙的原初引力波。

4.2 最初的原子

周围的环境越来越热了，原初核合成阶段会释放大量能量。氢原子核产生了，接着，更大的氦原子核产生了。

3个人重新拉起手，沉浸在这壮观的景象中。此时，系统提示音响起："即将进入学习模式。"

"这系统真讨厌，总是破坏我们的沉浸式体验。"阿亮忍不住抱怨道，而甜甜对此却并不反感。

☑ 夸克：一种基本粒子。夸克进一步组成质子、中子。

☑ 胶子：在粒子物理学中，胶子是负责传递夸克之间强相互作用的基本粒子。

☑ 中子：组成原子核的核子之一，不带电。

☑ 质子：组成原子核的核子之一，带正电。

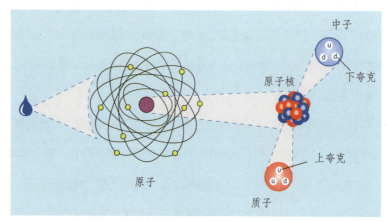

物质的组成

☑ 反物质：由反粒子构成的物质，其电荷等量子属性与普通物质相反。反物质与物质接触时会湮灭并释放巨大的能量。目前在实验室可以获得反电子（正电子）、反中子等。

☑ 光子：传递电磁相互作用的基本粒子。光子以光速运动。

☑ 原初引力波：（与宇宙大爆炸理论相关）宇宙开端的大爆炸产生的引力波。

系统展示了一会儿"名词解释"，字符逐渐消融在背景中。

他们的视野中一片模糊，好像充满了迷雾，隐隐约约中仿佛有一些飘忽不定的小东西正在聚集起来。阿亮定睛一看，那些小东西上似乎还有些奇怪的符号，两道平行的短线，中间还有一条更短的线连着，好像汉字"工"。

"这些'工'字代表什么？"甜甜也注意到了，好奇地问。

那些"工"字扭来扭去，看起来很是可爱。

"有没有可能，它们其实是'H'？"小酷说道。虽然3个人牵着手，但是大家观察的视角并不相同，甜甜眼里的"工"，在小酷眼里转了90°，就成了"H"。

"哦，那就能解释了，这些都是氢原子。"甜甜恍然大悟道，"增加了必要的记号，好理解多了，不愧为学习模式啊，哈哈哈……"

时间之箭带着他们继续前行。

游戏中的时间之箭被渲染成醒目的金色，大爆炸的那一刻被标记为原点，之后的数字不断跳动，只增不减。

小酷看了看时间之箭上的时间说："38万年，这意味着，宇宙大爆炸之后的38万年左右，氢原子诞生了。"

阿亮惊呼："天哪，我觉得才过了几分钟呢，居然已经过去了38万年吗？"

"对了，你们记不记得在我们要穿越木星的时候，有同学告诉我们，人体里62%左右的原子是氢原子，原来我们体内的元素这么古老呢。"甜甜说。

"天啊！"小酷和阿亮一齐惊叹，这下他们更感到自然法则的神奇了。

小酷又举起了双手，放在眼前仔细查看，只见"半透明"的手里，无数带着"H"符号的氢原子涌动着。

随着生成的氢原子越来越多，一切渐渐趋于稳定，迷雾在慢慢消退。宇宙开始变得透明，光子穿过广阔的宇宙空间，去往不知方向的未来。

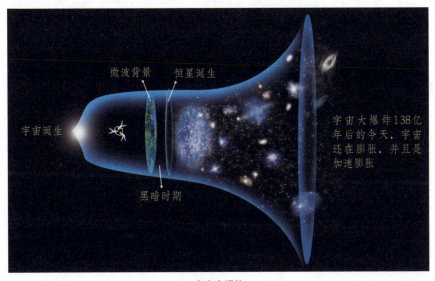

宇宙大爆炸

"增加偏振模式，现在你们即将看到原初引力波。"系统提示再次响起。

只见七彩涟漪下暗流涌动，这是大爆炸产生的原初引力波。那些密度波动正在构建宇宙结构的雏形，而那微小的涟漪，是宇宙中第一代恒星和星系的种子。

"太壮观了……"3人忍不住感叹。

时间之箭从时空奇点出发，飞越了几十万年，带着探索者小队继续前行。

他们即将飞过新诞生的黑洞，穿过星云，飞向宇宙的边缘……

伴随着宇宙的膨胀，周围越来越冷，也越来越暗，宇宙进入黑暗时代。

☑ **涨落**：统计学现象，指随机地偏离统计平均值。形象地说，我们从高空往下看，海面光滑如镜，但从近处看，却能发现海面其实有波浪起伏。

☑ **黑暗时代**：宇宙演化史的一段时期，从宇宙背景辐射释放到第一代恒星诞生前，宇宙处于不再发光的黑暗期。

4.3　黑暗时代终会结束

"为什么我感到越来越冷了？这周围也越来越暗了，有点吓人。"甜甜放开了小酷和阿亮的手，抱紧双臂上下摩擦，想要增加一点温度。

"宇宙进入了黑暗时代，在接下来的漫长时间里，直到第一代恒星诞生前，宇宙都是黑暗且寒冷的。"系统提示音刚落，他们便退出了游戏，原来是半小时的在线游戏时间到了。

"啊，我还没看够呢！"阿亮刚摘下VR眼镜就着急地喊。

"对啊！"甜甜也表示抗议，小酷也微微点头，这次真的感觉时间太短了，意犹未尽。

其他同学也纷纷表示了不满，这次感觉时间过得格外地快。

"我们甚至都没有做任务！我们强烈要求增加游戏时间！"阿亮的诉求得到了

同学们的响应，大家纷纷向老师们投去了又可怜、又可爱的请求的目光，老师们都招架不住了。

几位老师聚在一起商量了一会儿，蒋老师向大家宣布："鉴于大家求知欲望强烈，就再给大家10分钟的游戏体验时间。"

几乎是一瞬间，所有的人都迅速跑回了座位，他们已经迫不及待地要见证第一代恒星的"诞生"了。

周围还是很暗，还弥漫着灰白的雾气。他们看不见的地方，星云的内部正变得越来越活跃。

金色的时间之箭显示，此时已是宇宙大爆炸后的两亿年，黑暗时代已进入尾声。

四处散漫的氢分子及其他分子受到未知的极其微小的扰动，原有的引力平衡被打破，散漫的分子结成气团。这些气团，将成为恒星的种子。在引力的作用下，越来越多的分子气体被吸引过来，气团逐渐长大，就像滚雪球一样，最终成为巨型氢分子云。

越来越多的物质聚集起来，气团还在持续增大。此时，巨型氢分子云气压开始增加，其内部也变得越来越热。一点点小小的外力——如邻近分子云的引力，都会带动它开始运动，并最终开始旋转。

"这么看起来，它好像棉花糖机里越转越大的棉花糖啊！"阿亮下意识地舔了舔嘴唇。小酷却皱起了眉头，周围越来越高的温度让他感到不安，他更加警觉地关注着瞬息万变的气团。

燥热感越来越明显，粒子、尘埃时不时地从某处喷发出来，越来越多的尘埃和气体聚集过来，气团变得越来越厚重，就像夏天暴雨前的积雨云，随时都要垮塌下来，又像即将喷发的火山。

"好热啊！"甜甜嘟囔了一句。

越来越多的气体、尘埃被吸引过来，而他们则被气流裹挟，跟着气流一起旋

转，而且速度越来越快。

"我们必须马上离开这里！气团正在收缩，可它还在不断地吸引周围的物质，温度也在持续升高！"小酷敏锐地意识到危险，高声警告道："高温加上高压，感觉快要爆炸了！"

"但我们被包围在气团中央了，现在跑还来得及吗？"甜甜也有点儿紧张了。

这时，因为高温高压，气体云内部向外喷射出一股粒子流，冲击得阿亮一个趔趄，差点放开甜甜的手。这给了小酷启发："我们可以借助粒子流的动力来加速！只要选择正确方向喷射的粒子流，我们就能离开这个气团！"

"那我们赶紧行动吧！"阿亮在最外面，他用空着的左手和双脚拼命划动，平时在游泳课上学到的动作在这里派上了用场。他带着甜甜、小酷前行了一段距离，正好碰上向外喷射的粒子流，3人成功地"滑行"了一小段。

"哈哈，还真是有趣。"甜甜眼睛一转，看到了远处的一片星云。她发现星云的中心位置保持不变，说明它在气团旋转轴的延长线上。利用这个参照物和敏锐的直觉，她连续预判了几个方向正确的粒子流，3人很快就接近了气团边缘。不过，随着粒子流的喷射越来越频繁、猛烈，他们在远离气团的同时，并没有注意到，小酷和甜甜拉着的手逐渐松开了……

虽然在游戏中，小酷已经慢慢地和甜甜、阿亮分开了，但在他们个人的视角中，却只看到了头顶上的时间之箭在继续飞驰。就在他们飞离气团的过程中，那个气团内核的温度终于突破了临界点，触发了核聚变。气团被点燃了，发出耀眼的光芒，向四周释放着光和热。

在确定安全后，他们终于有空回望身后的景象。

恒星的光辉照亮了它周围各种尘埃和小气团，它们看起来像一个闪耀的圆盘，这些尘埃将来聚集起来则可能形成行星。

宇宙被重新点亮，黑暗时代结束了。

宇宙再一次焕发光芒，这光芒不同于创世之初的光和热，它来自恒星的燃烧，一代又一代恒星的光芒温暖着宇宙的每一个角落，一直延续到今天。

离开气团的3个小伙伴

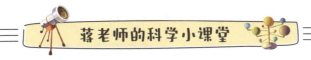

4.4 宇宙简史

大部分人的寿命不到百年，有文字记载的人类文明史有5000多年，现在主流观点认为，宇宙从诞生到现在，已经走过了138亿年。在这堂课中，我们一起来了解有着138亿年历史的宇宙及其演化过程，并思考如何去认识和理解这些演化。

从奇点到一锅夸克"汤"（0秒~10^{-32}秒）

按照宇宙大爆炸理论，我们的宇宙最初是从一个奇异的点爆炸出来的一锅高温、高辐射、高密度的"汤"。随后，它持续膨胀，逐渐降温，经历138亿年的演化，最终成为现在的模样。这个过程虽然难以想象，但它不是科学家天马行空的想法。宇宙大爆炸理论可以解释宇宙正在膨胀、微波背景辐射等事实，它是目前主流的宇宙起源学说。

☑ 时空奇点

宇宙大爆炸理论认为，宇宙起源于一个极其微小的点，叫作奇点。奇点的密度无限大，其时空曲率无限大，它的物理规律超出了目前科学认识的范围。

☑ 暴胀

暴胀是宇宙大爆炸后极短瞬间（10^{-36}秒~10^{-32}秒）单位体积迅速膨胀的过程。如果膨胀了10^{30}倍，打个比方，就相当于把亚原子尺度的空间扩张到太阳系尺度。微观世界的量子涨落被拉伸到宏观尺度，为大尺度结构的形成埋下了种子。宇宙微波背景辐射的涨落、星系的形成，甚至人类都由婴儿时期的宇宙演化而来。暴胀学说是用于描述宇宙原初时期动力学的理论，但暴胀理论本身并不完善。暴胀是怎么开始的，它之前又发生了什么，仍是未知。由此还出现了其他理论，如反弹宇宙学（本书中我们主要还是阐述目前暂被大多数专业人员认可的主流的理论，将来若出现新的观测证据，这些理论还将进一步发展）。

现在我们可以这样理解宇宙的诞生：它起始于一个奇点，在经历了暴胀期后变成了一小锅又热又浓的"汤"，充满了夸克－胶子等离子体。

质子、中子和原子核（10^{-32}秒~几分钟）

这锅"浓汤"逐渐膨胀，温度也慢慢降下来，不同"味道"的夸克有机会结合起来，形成了质子和中子。几分钟后，随着温度的进一步降低，质子和中子得以结合形成了氦原子核。物质和反物质湮灭释放光子，这时的宇宙充满了热雾状的等离子体，光子行进得不远，因此宇宙是不透明的。

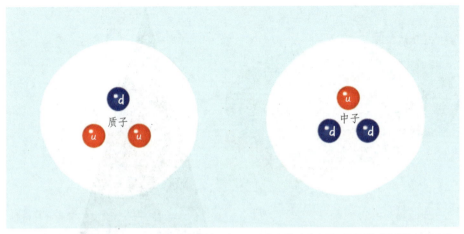

不同"味道"的夸克结合，形成质子和中子（图中用不同颜色的巧克力豆示意不同"味道"的夸克）

原子的出现带来了光（宇宙大爆炸后约38万年）

随着这锅"汤"进一步地冷却，在宇宙大爆炸38万年后，氢原子核终于有能力俘获电子，形成了氢原子。热雾逐渐散去，宇宙放晴，变得清澈透明。这一时期，被称为复合时代。

☑ 温度

温度，其实是微观粒子运动的宏观表现。打个比方，温度越低，微观粒子跑得越慢，越容易被"抓住"。想象一下，当你和朋友在家里坐着或者悠闲地散步时，手拉手是很容易的，但是在横冲直撞的球场上想保持牵手状态就很难，很容易被冲散。

现在，宇宙中绝大多数的氢原子是在这时候产生的。细细回味，宇宙诞生初期发生的事情确实令人惊叹。组成水（H_2O）的氢原子及蛋白质中的氢原子，都是在那时候产生的。就像甜甜所感慨的那样，我们都是如此古老的存在。

随着热雾散去，宇宙逐渐变得透明，正、反物质湮灭产生的光子得以传播，宇宙的第一缕光产生了。这样古老的第一缕光在100多亿年后的现在也留下了痕迹。随着宇宙空间的膨胀，这缕光的波长被不断拉长，100多亿年后，它变成了微波，均匀地分布在整个宇宙空间，并被现代仪器所探测到——这就是**宇宙微波背景辐射**。

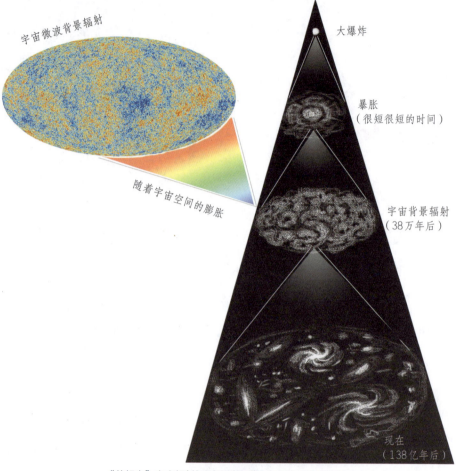

宇宙微波背景辐射

随着宇宙空间的膨胀

大爆炸

暴胀
（很短很短的时间）

宇宙背景辐射
（38万年后）

现在
（138亿年后）

"普朗克"宇宙辐射探测器测量到的宇宙微波背景辐射

黑暗时代（宇宙大爆炸后38万～4亿年）

第一缕光向着未来奔去，宇宙进入了漫长的黑暗期。在将近4亿年的黑暗期里，变化在悄悄地发生。四处散漫的氢分子等气体在引力的作用下聚集起来，虽然宇宙整体的平均温度在下降，这些气体聚集起来的局部温度却在上升。随着物质越聚越多，温度也逐渐升高，一场巨变即将来临。

第一代恒星诞生（宇宙大爆炸后2亿～4亿年）

当氢分子云越聚越多，内部的压强和温度到达临界点的时候，核聚变就会引发，第一代恒星诞生了。第一代恒星的诞生宣告黑暗时代结束，宇宙被再次点亮。目前探测到的最古老的恒星诞生的时间不晚于宇宙大爆炸后4亿年。

在宇宙膨胀的影响下，第一代恒星的光穿行到现在变成了红外线。詹姆斯·韦布空间望远镜的任务便是捕捉第一代恒星的光，以观察这些古老恒星的诞生过程。

银河系的形成（宇宙大爆炸后35亿年）

随着诞生的恒星越来越多，它们聚集起来便形成了星系。我们所在的银河系大约形成于宇宙大爆炸后的35亿年。

太阳系的形成（距今46亿年前，宇宙大爆炸后92亿年）

恒星死亡后，一部分物质重新变成星云。在这些死去恒星的残骸上，孕育出新一代的恒星。目前认为，太阳属于第三代恒星。

太阳大约诞生于宇宙大爆炸后的92亿年，诞生初期，太阳系处于一片混沌状态，绝大多数质量集中在中心，形成了太阳，而其余物质则绕着中心旋转，摊成大片，呈扁平圆盘状，继而形成行星、卫星等天体。在引力的作用下，物质逐渐聚集起来并且建立起相对稳定的运行秩序，太阳系慢慢呈现出今天"精致"的面貌，八大行星沿着各自的轨道以固定的周期绕太阳公转。

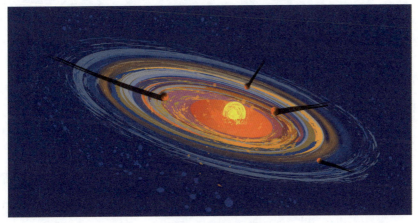

太阳系形成初期艺术图

地球、月球形成（距今45亿年前）

太阳诞生后，旋转圆盘上的星云物质慢慢重新聚集，形成了各大行星。早期的地球是个动荡的黑色火球，不断遭受流星撞击，表面布满裂缝，火山岩浆喷涌而出。虽然地球表面非常炽热，但是太空环境是寒冷的。每一次剧烈的撞击后，熔化的岩浆很快在表面冷却，使地球表面又恢复了黑色。

月球的起源颇让人困惑。与太阳系的其他卫星比起来，月球这颗卫星相对较大，其直径是地球的四分之一，所以月球的起源不像其他卫星那样容易解释（例如，火卫一、火卫二是两颗环绕火星的不规则岩石，直径只有几十千米，它们可能是被火星俘获的小行星）。

撞击说

月球起源——撞击说

关于月球的起源现在被多数人认可的是"撞击说"。在地球形成的初期，一些其他相似的天体也形成了，它们在地球轨道附近运行，较小的天体和地球结合，成为地球的一部分。一颗直径接近地球直径一半的天体同地球发生了擦边碰撞，因为该天体太大，没能和地球结合，反而把地球内部的物质撞击出来。这些撞击产生的残骸环绕在地球周围，残骸逐渐冷却成岩石，进一步聚集形成一个大天体，这就是月球。"阿波罗号"飞船带回的月球岩石样本为"撞击说"提供了证据支持，因为科学家对月球岩石样本进行成分分析后发现，月球的物质构成与地球的地幔十分相似。

除此之外，还有3种有关月球起源的猜想，分别为"同源说""俘获说""分裂说"。但由于缺少关键的证据，这些猜想的说服力不如"撞击说"。随着人类对月球探索的深入，待人们发现越来越多的事实证据，月球起源的秘密终将被揭晓。

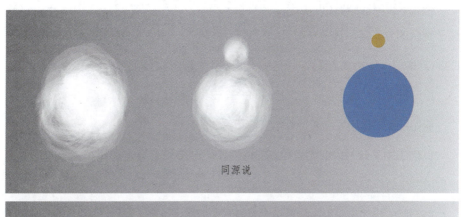

同源说

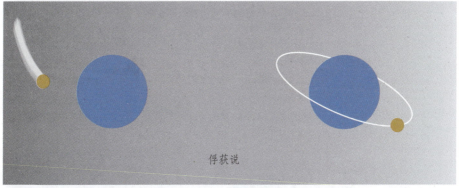

俘获说

分裂说

月球起源的另外3种猜想

生命出现（距今35亿~45亿年前）

没有人亲眼见过地球从无生命到有生命的演化过程，和宇宙起源一样，地球上生命的起源也是一个古老而神秘的话题。现在的研究越来越倾向于将生命起源视为一系列复杂且充满巧合的化学反应过程。各种分子混杂在一起发生化学反应，形成了复杂的分子链，其中一些可以完成自我复制和进化，这就是遗传分子RNA和DNA的本源——生命之源。

原始细胞的薄膜为遗传物质提供了一个安稳的环境。

原始细胞进化出了细菌、真核生物和古细菌。

真核生物又分为单细胞型和多细胞型。大约在15亿年前，真核家族的几个类群通过共生协作等方式形成多细胞生物体。

多细胞生物体又分出生物界三大类群，即植物、真菌、动物。

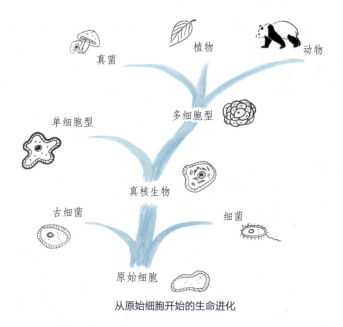

从原始细胞开始的生命进化

人类文明（距今约5500年）

地球上经历过5次生命大灭绝后，哺乳动物占据了陆地统治地位。

　　人类属于哺乳动物中的灵长类。关于人类的起源，仍有很多谜团。根据化石和基因研究，目前的主流观点认为，现代人都是晚期智人的后代。虽然人类的文明史跟宇宙的年龄相比显得微不足道，但是我们今天对宇宙的所有认知和科学技术都是在这短短的几千年内发展起来的。

Chapter 05
第五章
为了重逢：赫罗图挑战
05

赫罗图挑战

又到了墨子沙龙科学课时间，和上次一样，同学们来到多媒体教室后面的房间，在VR座椅上坐下，系好安全带，等待老师做最后的检查。

开始——

进入游戏后，甜甜和阿亮发现，小酷失踪了……

刚才明明3个人一起坐在一组VR座椅上，但进入游戏后，小酷却离奇地不见了。更糟糕的是，甜甜看了一眼时间之箭显示的时间，估算了一下上次离开游戏后的时间差，推测小酷很可能已经和他们相隔甚远了。

"小酷去哪儿了？"阿亮还有点懵地问道。

"我想，很可能是因为上次我们利用粒子流的冲撞离开气团的时候，我没有拉紧小酷，他被冲到别的方向去了。"甜甜猜测道。

"那他会不会还留在气团里？"一听小酷被冲散了，阿亮立即着急起来，担心小酷的安全。

"应该不至于，我确认最后一次看到小酷时，我们和他已经离开气团了。而且，上次结束时，小酷应该也没注意到自己和我们分开了。我推测，他现在应该在我们'前面'。"甜甜冷静地分析。

"为什么？"阿亮不解地问道。

"你玩过弹玻璃球吧？同样的玻璃球，以同样的速度撞击不同大小的玻璃球时，质量较小的玻璃球会弹出去更远——我们俩是手拉手的，他是一个人，所以我们俩相当于质量大的玻璃球，他相当于那个质量小的玻璃球。"甜甜解释道。

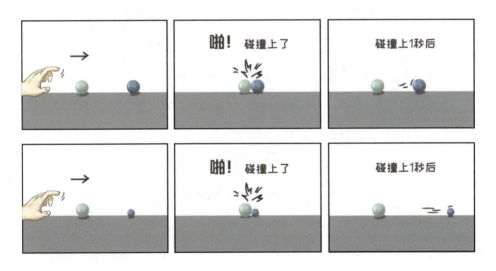

"所以小酷被粒子流'弹'得比我们远？"阿亮一点就透。

"没错。科学课上讲过，在弹性碰撞发生时，动量和动能都是守恒的。假设我们和小酷受撞击的次数和能量差不多，那么小酷飞出气团时的速度一定比我们快，而且飞出的距离也会比我们更远，因为他的质量更小。既然大家都是朝着同一个方向飞行，小酷只能是飞到了我们的‘前面’。”甜甜肯定地说。

事实也确实如此。

小酷是在比他们略早一点儿的时候，发现自己走散了的。在最初的慌乱之后，他很快冷静下来，意识到自己是跑到他们前面去了。

既来之则安之，反正这是一个追及问题。如果甜甜和阿亮没办法加速，那自己想办法减速等他们就是了。总之，各自的速度绝对不能一致，那样大家之间的距离不会越来越近。

不对，他们也不是完全没办法加速。虽然暂时用不上行星引力加速（备注：利用行星的引力场给飞船加速，以节省燃料），但他们可以利用喷气反冲控制速度。例如……放个屁。

小酷被自己的想法逗笑了，他回头遥望刚才“逃生”出来的恒星诞生地，无数大大小小的碎块围绕在年轻恒星的周围，像一个巨大的、发光的盘子。碎块互相碰撞，有的聚集成了较大的天体，像点缀在盘子上的大大小小的珠子。

宇宙真是太广阔了，“太空”这个词用得真贴切，他心想。

恒星的亮光有些刺眼，小酷收回目光，环顾四周，放眼看向前方更远处。发光的亮点越来越多，那大概是一些遥远的新生恒星。

游戏的进程非常快，小酷很快就离开了刚才的星系，进入另一个恒星星系。

经过了一段空旷的路程，渐渐有石头开始从小酷身边擦过。起初石头还算稀疏，有几块在离他几米远的地方飞过，他能轻松地躲开。但随着石头越来越密集，躲避也变得越来越困难。

“等等，我不是要减速吗？”小酷突然想到这一点，他咬紧牙关，闭上眼睛，深深吸了一口气。还没等他感受到勇气涌起，“砰”的一声，他就被石头击中了。强烈的撞击感震得他眼前一黑，紧随而来的眩晕感让他想要呕吐。

等回过神来，他才发现自己正以身体为转动轴飞速旋转，双手则本能地抱住了头部，好像一枚飞速旋转的陀螺——这能不晕吗！

幸运的是，这一撞，不仅让他稍稍偏离了原来的轨道，避开了一波连续的正面冲击，还意外获得了减速效果。

他努力地张开手臂，双腿也分开，把四肢尽量向外展开，整个身体就像一个"大"字一样铺开。这样的伸展动作之后，他的转动速度就慢了一些。小酷不知道的是，他无意间利用了"角动量守恒"原理——伸展的四肢增加了自身旋转的半径，使转动惯量增大。在没有外力影响的情况下，角动量守恒，角速度相应减小。这个原理听起来复杂，但其实挺常见。例如，在花样滑冰的时候，运动员如果在旋转时突然收拢四肢，旋转速度就会加快。小酷只是反其道而行之。

转动速度减慢后，小酷能渐渐看清周围的环境了。只见一块篮球大小的石头掠过他的身旁，相对速度并不算快，于是他伸出双手，幸运地一把抱住了这块石头。这下，他转动的速度又慢了一些，至少不头晕了。

好在小酷知道自己身处虚拟世界，各种不适感都是模拟的。

陆续有不同大小的石块撞击他。经过几次碰撞，他已难以分辨自己的位置和飞行方向，只能勉强应付，试图不让自己转得太快。终于，他又抱住了一块直径1m左右的石头，享受了片刻的安稳。

不久后，小酷的面前突然出现了一块屏幕，同时，在不同的地方，甜甜、阿亮的面前也出现了一块屏幕。

"小酷！"甜甜和阿亮向屏幕中的小酷打招呼，高兴地欢呼。

"甜甜，阿亮！"小酷一边抱着石头，一边向他们挥手。

"探索者小队的小伙伴们，虽然你们并不在一起，不过你们仍然可以一起完成任务。如果挑战成功，就有可能重聚，你们愿意接受挑战吗？"熟悉的系统提示音响起。

"愿意！"3人异口同声，毫不犹豫地回答。

屏幕上出现了一张直角坐标图。图的下方有一条色带，它从右边的红色一直渐变到左边的蓝色。在色带的下面是"surface temperature(kelvin)"。纵轴刻度标了一些数字，从10^{-5}一直到10^6，左侧还标着他们看不懂的英文单词"luminosity(solar units)"。

"这是什么呀，感觉有点眼熟。"阿亮好像在哪里见过这张图。

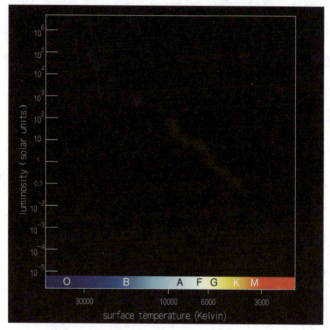

屏幕上出现的"直角坐标图"

"红色……蓝色……让我想起了恒星的光谱。"小酷说。

"这是赫罗图！"甜甜忽然想到了什么，"上次在天文馆，蔡知哥哥跟我们介绍过，就在'光'展区的前面！"

"赫罗图吗？"小酷仔细地看了看，然后肯定道，"记得那张图上有些不规则的彩色斑点，而这张图中央只有一片黑。"

"不完全是黑色"，阿亮指着中央区域，"有一些灰色的影子。"

"感觉好像是要填什么东西进去。"小酷点头赞同道。

"嗯……"甜甜认真地看着坐标轴上标记的英文说道："'surface temperature'是表面温度，'luminosity'我猜和恒星的发光有关。蔡知哥哥讲过，恒星在不同的时期，它的发光能力和表面温度是不一样的。"

"发光能力？是亮度吗？"阿亮问。

"不是亮度！"甜甜斩钉截铁地说，"我想起来了，luminosity应该是光度，它表示恒星发光的能力，而亮度是指我们看到的视觉效果。例如，织女星的发光能力是太阳的几千倍，但是因为它离地球太遥远，所以在我们看来织女星远没有太阳亮。"

"没想到，一字之差，意思完全不同。"阿亮说，"甜甜，还有什么是你不知道的？完成挑战就靠你啦！"

"是你先提到'亮度'的，这让我想起了蔡知哥哥的解释。我们一起加油吧！"

讨论继续——

"你是说，恒星诞生以后，它的光度会发生变化？"小酷问。

"对，恒星从诞生、演化到死亡，会经历不同的阶段，它的光度和温度也会随之变化。"甜甜回答道。

这时系统忽然插话，大家侧耳倾听："赫罗图是恒星的光谱类型和光度的关系图，是由丹麦天文学家赫茨普龙和美国天文学家罗素分别于1911年和1913年独立提出的。"

场景转换，屏幕慢慢放大，从竖直悬挂转为水平放置。

小酷他们也飘浮到了屏幕上方。奇特的是，虽然他们都在屏幕上方，也能看到彼此，但小酷和阿亮尝试了一下，发现还是不能碰触到彼此，看来他们还是位于不同的空间中。同时，屏幕以外的星星向他们聚拢过来，在3人面前闪着不同亮度的光芒，而赫罗图上的坐标点位上也闪着光，似乎在等待着将这些星星"填"进去。

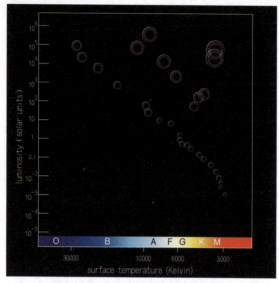

赫罗图上一些坐标点闪着光，虚位以待

"是……让我们把恒星放进去吗？"甜甜试着拿起最近的一颗"星星"观察，它呈浅黄色，光度为1，于是，甜甜把它放到了相应的位置，分毫不差。这颗星星正是"太阳"，纵坐标轴上标注的数值是所标星星光度与太阳光度的比值。

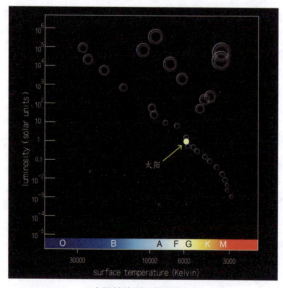

太阳被放到了赫罗图上

成功了一次，甜甜备受鼓舞，她坚信，拼好这张赫罗图后不但能和失散的队友重逢，还能发现赫罗图隐藏着的重大奥秘。于是3人一起动手，根据光度和温度，把身边的星星一颗一颗地填入"赫罗图"中的相应位置。随着填入的星星越来越多，图上呈现出一条从左上向右下延伸的光带。

"看，这些是主序星。"甜甜指着光带说，"它们相当于青壮年的恒星。"

接下来出现的一批星星，被放置在主序带的右上方，它们是红巨星、超巨星。跟处于青壮年的主序星相比，步入老年的它们表面温度偏低，所以呈现出红色。但是它们的光度很高，表面活动剧烈。

还有一些"不起眼"的星星出现在主序带左下的位置，它们的表面温度很高但光度很低。

"它们是白矮星。"甜甜指着这些不起眼的星星说："因为颜色呈白色、体积较为矮小而得名，它们已经是演化到后期的恒星了。"

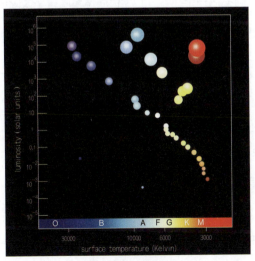

星星都被放进了赫罗图

"那白矮星之后，还会有黑矮星吗？"阿亮好奇地问。

"哈，这我倒是没听说过！"甜甜笑着回答："说不定真有呢！"

终于，赫罗图上的灰色区域被全部填满，探索者小队等待着重逢的一刻。

可是，任务并没有结束。

屏幕上的群星慢慢隐去，一排珠链般排列的"弹珠"出现在他们面前。更加神奇的是，这些"弹珠"居然可以从屏幕里"摘取"下来。

"这是什么？"阿亮随手拿起最小的一颗"弹珠"弹了出去，它"咻"地一下就消失了。

"特殊光线观测系统启动，红外波辐射可见。"机械的系统提示音响起。只见那个最小的、标着0.08的"弹珠"居然变成了一颗发着幽幽光芒的星星。旁边还飘着一行小字："褐矮星，俗称'失败的恒星'，因质量未达到太阳质量的0.08倍，无法触发内部核聚变，所以无法成为真正的恒星。"

"原来，0.08是星星质量与太阳质量相比的数值！"小酷恍然大悟道，"这跟用比值表示光度的方法是一个道理，我早该想到的！"

"看看这个！"阿亮把一个标着"1"（代表恒星质量是太阳质量的1倍）的"弹珠"扔了出去。空中顿时闪烁起一道道闪电，一颗白亮的"弹珠"在持续不断地向外发光发热。过了一会儿，这颗"弹珠"慢慢变大变红。

"红巨星！"阿亮认得，这是太阳演化的下一个阶段。果然，这颗恒星旁边标注了"红巨星"三个小字。

就在他们交谈之际，红巨星的形状变得飘忽不定，它的边缘像气体一样弥散，散发出五颜六色的光芒，宛如晚霞中的云彩。

所有人都情不自禁地赞叹道："好美啊！"

"红巨星继续演化，一部分会变成星云，而它的核心会变成白矮星。"甜甜一边欣赏眼前红巨星释放出来的云彩状的气体，一边继续给大家介绍着："白矮星的表面温度非常高，气体被电离成为等离子体，很漂亮吧！"

渐渐地，绚烂璀璨的星云逐渐黯淡，只留下了核心部分，红巨星已经演变成了白矮星。

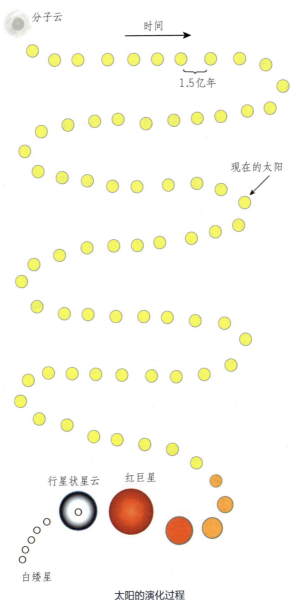

太阳的演化过程

"弹珠"游戏还在继续。

"哇，这颗恒星的质量相当于30倍的太阳质量！"甜甜拿起一颗标着"30"的

"弹珠"赞叹道："这类恒星会经历超新星爆发，最后变成中子星吧。"

她小心翼翼地把它抛出去。这颗恒星在空中显然更大、更亮。它很快就膨胀变红，在一次剧烈的超新星爆发后，发出夺目的光芒，最终剩下了一个小小的核心——这就是甜甜提到的中子星了。

"一闪一闪亮晶晶，满天都是小星星，挂在天上放光明，好像许多小眼睛……"甜甜拍着手轻轻地唱起这首大家耳熟能详的童谣："这首歌真不是瞎唱的，原来星星真的会'眨眼睛'呢！"

最后只剩下一颗超大号的"弹珠"了，上面写着"40+"，这代表着它的质量是太阳质量的40多倍。小酷指着它问："它最后会变成黑洞吗？"

阿亮把它拿在手里掂了掂，发现它的重量远超其他"弹珠"，他居然没办法把这个大家伙"弹"出去，只能拿起它用力地丢了出去，"试试不就知道了！"

这个大家伙的演化过程和前一个差不多，也依次经历了主序星和超新星爆发阶段，只是它的演化进程更快，最后留下了一片黑暗。

系统提示音再次响起："特殊光线观测系统启动。"

他们眼前顿时浮现出一个"甜甜圈"形状的东西，中间是黑的，外圈是橙红色的。小酷看着它想，这不就是黑洞照片里的样子嘛！

在目睹恒星的演化过程之后，屏幕上出现了一张新的图片——恒星演化循环图。但仔细看后，却发现顺序不对，看来要他们重新排列。

"晕——怎么还有任务？"阿亮哀号道，不过抱怨归抱怨，他还是主动揽下了任务，"我来！"

甜甜和小酷做了一个"请"的手势，只见阿亮双臂上下摆动，左右腾挪，很快就调整好顺序了。

最开始只有一团高密度的低温分子云，星云蠢蠢欲动，然后渐渐开始旋转。伴随着它旋转的舞步，粒子流被喷射出来。然后，密度大的部分在引力作用下继续收

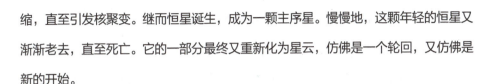

缩，直至引发核聚变。继而恒星诞生，成为一颗主序星。慢慢地，这颗年轻的恒星又渐渐老去，直至死亡。它的一部分最终又重新化为星云，仿佛是一个轮回，又仿佛是新的开始。

"宇宙真是神奇，和恒星的生命相比，我们人类的整个历史显得如此短暂，但恒星的生命轮回，和我们人类的生命又如此相似。"小酷感叹道。

"我们这算是完成了吗？"甜甜问，虽然只是在游戏里，她也迫切期盼着和小酷"重逢"。

"游戏时间到，游戏结束。"系统忽然宣布道。

"哎，怎么这样啊，有点诚信好不好！"阿亮一摘下VR眼镜就向蒋老师抗议。

"留点悬念嘛。"蒋老师朝他眨了下眼，"接下来，我们来更详细地了解一下恒星的'一生'吧！"

蒋老师的恒星小课堂

恒星的分类和演化是密不可分的。恰当合理的分类会给演化研究提供更好的描述方式；反过来，演化研究也会促进分类更加合理完善。目前通用的恒星分类系统是摩根-基南（MK）系统，它是在哈佛光谱分类的基础上发展起来的。后来赫茨普龙和罗素把恒星按光度和表面温度画在一张坐标图上，这就是大名鼎鼎的赫罗图，它是研究恒星演化的重要工具。

5.1 恒星的分类

分类是一门很大的学问。图书馆的书籍按分类编号，便于查找；垃圾在分类后可以更好地回收处理，以减少浪费和污染；地球上的生命丰富多彩，关于生物的分类就更多了。天上的星星那么多，人们自然也会想到给它们分类。分类其实就是在杂乱中寻找秩序的过程。最早人们通过天上恒星连接的图案来分类，也就是星座，星座起到了星空坐标的作用。随着人们对恒星的观测越来越多、越来越细致，仅仅依赖恒星在天球上的投影位置相近（即星座区域）来划分恒星，显然无法满足人们的好奇心。有人发现，星星看起来明暗程度不同，于是便有了星等的划分。人们能够利用一些方法测量一些星星的距离，于是距离也成了描述恒星的一个维度，有银河系内的恒星，还有银河系外的恒星。随着观测技术的进步，人们能够观测恒星的光谱了，于是还可以按不同的光谱特征来对它们进行分类。

例如，亨利·德雷珀星表（HD星表）是哈佛大学天文台编纂的一份收录恒星光谱的大型星表，收录了22万颗以上恒星的光谱数据。最开始哈佛大学天文台的爱德华·皮克林主持HD星表的编纂工作。在没有计算机的年代，星表的整理分类工作非常烦琐。有一次他批评助手说，连家里的女佣都能比他们做得好。这种说法不知真假，但确确实实爱德华·皮克林家的女佣弗莱明夫人进入了天文台工作，天

女性在哈佛大学天文台工作的场景，中间站立者为弗莱明夫人

文台的工作收入可比女佣高不少。爱德华·皮克林对弗莱明夫人的工作非常满意。

接着，更多的女性加入星表的整理工作，她们中的一些人成了训练有素的恒星光谱测量员，被称为"皮克林的哈佛计算机"。其中最杰出的当属安妮·坎农。

安妮·坎农在17岁时感染了猩红热而丧失了部分听力，社交方面的不利反而让她潜心学术。她沿用了弗莱明夫人的部分分类记号，以恒星的颜色为依据，只保留了O、B、A、F、G、K、M作为主要类型，奠定了哈佛光谱分类法的基础。面对堆积如山的数据，正确的分类方法会帮助人们找寻规律，哈佛分类法揭示了恒星颜色和表面温度的关系。

安妮·坎农

另外，在"皮克林的哈佛计算机"这群传奇女性中还有一位成员，亨丽爱塔·勒维特。

亨丽爱塔·勒维特

她的一项非常重要的贡献就是发现了造父变星的规律，即周期-光度关系，这为人类提供了一种测量更遥远天体距离的方法。后来天文学家埃德温·哈勃就是用造父变星作为"量天尺"，发现了河外星系，把人类对宇宙的认识从银河系拓展到了银河系以外的星系。

回到恒星分类的话题，哈佛分类法按照恒星表面温度从高到低的顺序，把恒星的类型分成O、B、A、F、G、K、M序列。从图里可以看到，不同类别的恒星被标注了不同的颜色。其中，温度最高的O类恒星是紫色的，G类恒星是黄色的，而温度最低的M类恒星是红色的。这些颜色不是为了好看随便涂的，而是代表恒星的温度。

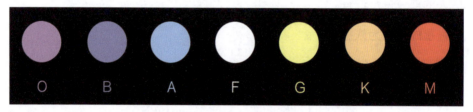

恒星的光谱型

说到恒星颜色和表面温度的关系，就不得不提到黑体辐射。有科学家说过，黑体辐射是近代物理史上的一只会下金蛋的鹅。关于黑体辐射的研究催生出了一系列重要的物理概念：受激辐射、量子力学、量子统计。1859年，德国物理学家基尔霍夫受实验结果启发提出了黑体辐射的概念。任何物体都具有发射、吸收、反射电磁波的能力，黑体不是指我们平常看见的黑色的物体，它是一种理想的辐射体，它能吸收所有照射到它表面的电磁辐射，它只发射而不会反射电磁辐射。它的光谱特征只与黑体的温度有关。20世纪初，普朗克提出了黑体辐射定律，描述了不同温度下黑体所发出的光谱特征。

在日常生活中，我们可以观察到近似黑体辐射的现象，如烧红的铁块。铁块被加热到一定温度后会发红，当铁块温度继续升高，颜色会从红色转为橙红、橙黄，继而发白，从红到黄的颜色转变体现了温度从低到高的变化。恒星的连续光谱可以近似看成黑体谱，通过观测恒星的光谱，我们便能推测出恒星表面的温度。

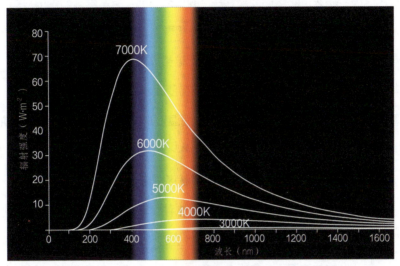

黑体辐射规律

除了哈佛分类法，历史上还有其他的恒星分类法，但哈佛分类法的应用比较广泛。目前通用的恒星分类系统是摩根–基南（MK）系统，该系统在原有的哈佛光谱分类基础上，加上一个表示光度的罗马数字，以形成恒星的光谱类型。

注意，这里的"光度"代表恒星真正的发光能力。有的恒星光度很高，但是距离我们太远，所以看起来并不是很亮；而有的恒星虽然光度不是很高，但离我们比较近，因此看起来很亮。例如，天狼星的视星等为−1.46（由于历史习惯，星等数值越小表示越亮），它是除太阳以外天空中最亮的恒星，距离地球约8.6光年。实际上，比天狼星发光能力强的恒星非常多，只是因为它们距离更远，所以看起来不如天狼星明亮。

5.2 赫罗图

在皮克林哈佛团队研究的基础上，天文学家们继续开展恒星的识别和分类工作。

其中最重要的是丹麦天文学家赫茨普龙和美国天文学家罗素独立绘制的恒星光谱型与光度关系图。赫茨普龙绘制的是光度–颜色关系图，罗素绘制的是绝对星等–光谱型关系图。后续研究表明，光谱型、颜色和表面温度，这三者是等效的，绝对星等和光度也都指恒星发光的能力。所以就把这类光度–颜色（或者表面温度，光谱型）关系图统称为赫茨普龙–罗素图，简称赫罗图。

每一颗恒星都可以按各自的光度和表面温度在赫罗图上确定各自的位置。在下页图中，我们可以发现许多熟悉的恒星名称。例如，北斗七星斗柄末端的"瑶光"，与太阳同位于图中从左上至右下的带状区域内。尽管在地球上看它是一颗小星星，但其光度和表面温度比太阳还要高，这种强壮的内在与其"微小"的外貌形成了鲜明的对比。再如，著名的猎户座右肩上的"参宿四"，也是组成"冬季大三角"的一颗星。它位于图中的右上角，这一区域的恒星表面温度低，但光度较大，这是因为它们具有更大的表面积，属于巨星。"冬季大三角"的另一颗星"天狼星"实际上是由两颗星组成的，主星天狼A位于图中央带状区域，而伴星天狼B则位于左下区域。左下区域的恒星表面温度高，但光度小，因为它们的表面积较小，属于矮星。"夏季大三角"中的"织女"和"牛郎"也位于中央带状区域，其中"织女"的光度比"牛郎"大，其表面温度也比"牛郎"高。

天文学家发现，大部分恒星集中在左上至右下的带状区域，这片区域被称为主序带。位于主序带的恒星分布也有规律可循：质量大的恒星位于左侧，而质量小的恒星位于右侧。一颗"正常"恒星在主序带的位置跟它的质量有关系。再后来，天文学家发现了恒星演化的秘密，恒星的"命运"与它们自身的质量紧密相连。

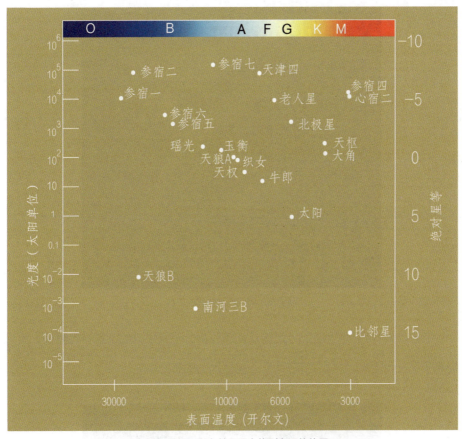

每颗恒星都可以在赫罗图上找到自己的位置

5.3 恒星的演化

　　喜爱研究天文的读者应该还见过这样的赫罗图，图上标注了不同类型的恒星，如红巨星、白矮星、蓝超巨星等。这些名称是如何分类的呢？其实，红巨星、白矮星、蓝超巨星这些名称是用来定义处于不同演化阶段的恒星类型的。就像人按照性别可以分成男人和女人，按年龄阶段可以分成婴儿、儿童、青年、中年、老年一样。

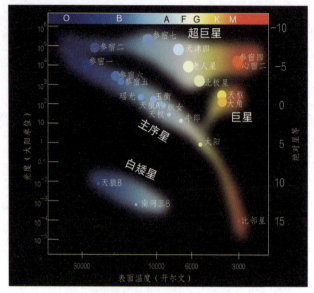

赫罗图是研究恒星演化的工具

宇宙大爆炸后大约2亿~4亿年，大团的氢分子云中诞生了第一代恒星。太阳则属于第三代恒星，下图展示了太阳在赫罗图上的演化轨迹。

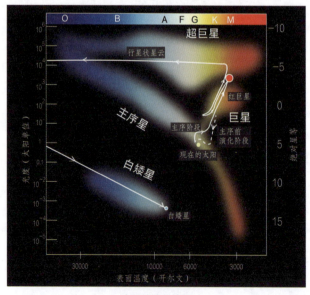

太阳的演化轨迹

大团的气体云在自身引力的作用下向内收缩，中心物质越聚越多，压强和温度也随之升高，当达到一定程度时引发核聚变，点燃这团气体云，形成原恒星，这可以看作恒星的童年阶段。核聚变会释放大量的能量，周围的气体吸收这些能量后受热膨胀，产生向外的压力。当这种向外的压力与向内的引力达到平衡时，这颗恒星便可以维持相对稳

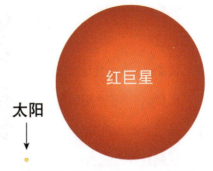

红巨星和太阳对比图。红巨星发光面积比太阳大很多，比太阳更明亮；而表面温度更低，所以呈现红色

定的形态，并且稳定地发光。这种状态的恒星就像青壮年一样，位于赫罗图的主序带上。太阳在主序星阶段已经存在了几十亿年。科学家推测，太阳的稳定时期还会维持约50亿年，然后进入老年阶段。老年阶段的恒星核心的燃料逐渐耗尽，引力大于核聚变的辐射压力，恒星再度向内收缩，核心部分温度急剧升高，引发的失控反应释放出巨大的能量，这股力量使恒星迅速膨胀，变成红巨星。

在赫罗图上可以看出，红巨星位于现在的太阳的右上方，它的光度比太阳大，表面温度比太阳低。当恒星内部的核燃料消耗殆尽，在引力的作用下，恒星会迅速坍缩，并形成白矮星，白矮星位于赫罗图的左下区域。白矮星密度很大，与太阳质量相当的白矮星的体积和地球体积差不多。在这样高的密度下，星体自身的引力能把原子压碎，让原子核紧密挤在一起，这种状态的物质会产生一种"简并压力"，用于抵抗引力，最终让坍缩停止下来。恒星坍缩并形成白矮星后"死去"，而原来红巨星的外壳会因为失去支撑而脱落，化作行星状星云。

恒星诞生于星云，死去后一部分物质又化作星云，这些星云物质将来又会加入新一轮的恒星演化过程中。

不同质量的恒星演化轨迹不同，有兴趣的同学可以去天文馆探索发现或查阅相关资料。跟我们直观感受不同的是，质量越大的恒星反而寿命越短，可以这样理

解：质量越大的恒星，其内部核反应也越剧烈，燃料消耗速度越快，因此很快就会耗尽其能量。

质量小于8倍太阳质量的恒星，最后会演化成白矮星。

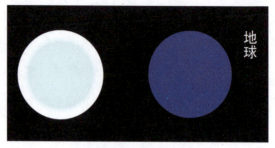

地球

白矮星和地球大小接近

质量为8~40倍太阳质量的恒星到了晚年会经历超新星爆发，最后坍缩并形成中子星，中子星的密度比白矮星更大。

而质量超过40倍太阳质量的超大恒星最后会坍缩并形成黑洞，黑洞是宇宙空间中的一种致密天体。

恒星的演化循环

　　一代又一代的恒星生死循环，合成了不同的元素。地球上的空气、土壤及构成生命的物质，绝大多数来自恒星演化的产物。大部分的氢和氦，来自宇宙诞生的初期，元素周期表中从锂到铁这些元素来自恒星内部的核反应产物；超新星爆发可以合成更重一些的元素，如铅、铀；比超新星爆发更猛烈的是中子星并合，金、铂这些元素就是在这个过程中产生的，它们是名副其实的贵金属。

　　从这一角度来看，我们都来自星辰，我们短短几十年的生命也因此得到了延伸。我们身体内的某一个原子和天上的星星一样，可能都来自一个更古老的星辰，甚至可以说，从宇宙诞生的那一刻开始，我们就一直在一起……

第六章
答题之旅：探寻引力波

06

答题之旅

时光如梭，期末临近，学校各大社团的活动都到了最后的收尾阶段。之后学生们就要准备期末考试并迎来愉快的寒假。不知是因为今天阴雨绵绵让人心情低落，还是因为要和蒋老师暂时分别，阿亮总感觉有些伤感。

"这雨不知道要下多久啊。"趴在多媒体教室的窗边，阿亮托着腮，懒洋洋地问。

"天气预报说这个周末都是小到中雨。"甜甜也心情不好，本来父母答应了周末带她去迪士尼乐园，这下只能待在家里了。

"唉！"俩人一起叹了口气。这时，小酷正好走进教室，看到他俩这样，不禁笑了起来，"你俩不会是为了在游戏里'解救'我而发愁吧。"

"想得美！"甜甜抿嘴一笑，"哎，你们看！"

甜甜指着楼下的观赏池塘，但见雨滴落在水面上，激起了一圈圈"同心圆"向外荡漾开去；邻近的两组圆环相遇，相遇处此消彼长，但是从远处整体来看，两组"同心圆"穿越彼此，继续各自前行。

水波

"这水波像不像宇宙中的引力波？"甜甜发问。

"有点儿像，只是这池塘有点儿小。"阿亮歪头看了一会儿，表示赞同。

"君问归期未有期，巴山夜雨涨秋池。何当共剪西窗烛，却话巴山夜雨时。"小酷忽然念起了诗。

"说点大白话。"阿亮大力地拍了一下好朋友。

"下雨天和炸鸡可乐最配了。"小酷调皮地说，大家都笑了，之前郁闷的心情也一扫而空。

"不知道墨子沙龙的最后一次课我们能不能通关。"作为一个游戏高手，阿亮最关心结果。

"还有点儿舍不得，但是这个游戏会有什么样的大结局，所有人都能挑战成功吗？"甜甜问道。

"游戏解释权归主办方所有，他们说成功就是成功。"小酷觉得这个游戏设计不按常理出牌，一切皆有可能。

不过，当他们再次在游戏里"碰面"的时候，惊讶地发现，屏幕上播放的竟然是引力波的动画。

两颗黑洞在各自快速自转的同时又相互绕转，并且越转越近。它们的密度与质量都如此之大，以至于巨大的引力改变了附近的空间结构。它们相互绕转着，激起的时空涟漪向外源源不断荡漾开去。

两个黑洞并合时引发的时空涟漪[图片来源：激光干涉引力波天文台（LIGO）]

"缘分啊。"阿亮感慨地说，小酷和甜甜都被逗笑了。

"不过作为本世纪最伟大的天文发现，引力波成为咱们这学期压轴课程还是当之无愧的。"甜甜总结道。

"引力波压轴，那谁最后一个出场啊？"小酷调皮地问。

"当然是期末考试啦！"阿亮和甜甜异口同声道，三人随即大笑起来，他们似乎已经不再有完成任务的压力了，而是全身心地享受这个科学游戏。

"年轻的探险者们，欢迎来到'宇宙探索'的最后一关。1915年，爱因斯坦提出了广义相对论，并预言了原初引力波的存在。100年后的2015年，人类首次探测到引力波。2017年的诺贝尔物理学奖授予了雷纳·韦斯、基普·索恩和巴里·巴里什，以表彰他们为探测引力波所做的贡献。"

"我想起来了，当时那条新闻特别轰动，连我爸妈都关注了。"阿亮说，"虽然他们当时并不知道引力波是什么，但他们感受到了全球，尤其是天文学家们的喜悦。"

"是啊，爱因斯坦太了不起了，100年前，他就预测了引力波的存在。"甜甜感慨地说。

"我觉得，现代的科学家也很了不起，我在'知乎'上看到过，生活在5亿多年前的三叶虫，是第一种能感知到光的生物。我们现在看到五彩缤纷的世界可能觉得习以为常，但谁能想到地球上的生命用了几十亿年才完成了'看见光'这一进化呢？而从爱因斯坦预测引力波的存在，到我们能够探测到它，中间只隔了100年，你说，我们人类是不是很了不起？"小酷认真地说。

"的确了不起啊！"甜甜和阿亮点头赞同。

屏幕上，双黑洞的并合还在继续，引力波如同时空的涟漪，不停地向外传播着。

"在事件GW150914（第一例被探测到的引力波事件，其波源是两个黑洞的并合）中，两个黑洞的质量分别为太阳的29倍和36倍，并合后形成了一个质量为62倍太阳的黑洞。"系统继续介绍着，"接下来，罗亮、刘星恬、陈嘉科，你们要依次回答三道问题，独立答题，不能求助他人。如果全部正确，你们就会'团聚'，圆满结束这次探险。"

一听要答题，3个人都跃跃欲试。

屏幕上出现了第1道题：

1. 有关引力波在真空中的传播速度，下列哪种说法是正确的？

A 亚音速

B 等于光速

C 超光速

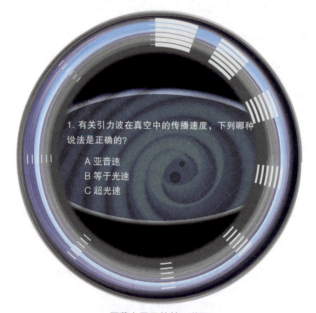

屏幕上显示的第1道题

"哈哈，这题用排除法就能解决，没人能超光速飞行，低于音速又太慢了，我选B！"阿亮果断触摸屏幕上的B选项，屏幕显示"回答正确"。他开心地和甜甜击掌，小酷在屏幕另一头也为朋友感到高兴。

系统补充道："引力波在真空环境中的传播速度是光速。根据广义相对论，任何有质量的物体都会导致周边的时空发生弯曲，当这个物体的物理参数，如质量或速度，发生变化时，会释放引力辐射并以波的形式传播开来。由于引力波与电磁波一样本身没有质量，因此它在真空环境中的传播速度正好等于光速。"

"任何信息的传播速度都不能超过光速吗？"甜甜问。

"是的。"系统回答道。

"那量子纠缠是怎么回事？"小酷忽然追问。

"呃……这超出了我的知识范围，也许我的兄弟系统知道，不过它还在开发之中。"系统坦诚地回答。

甜甜还想追问，不过系统已经给出第2道题了，她连忙专心读题。

2. 关于引力波的描述以下哪句话是正确的？

A 引力波是电磁波

B 所有引力波都诞生于宇宙大爆炸

C LIGO使用激光干涉的方式观测到了引力波

屏幕上显示的第2道题

"A……肯定不对，引力波不是电磁波，引力波就是引力波。至于B，我记得蔡知哥哥说过，诞生于宇宙大爆炸的引力波叫作原初引力波，而2015年观测到的引力波，大概产生于1亿年前，所以B也不正确。我选C！"

甜甜在C选项轻轻点了一下，屏幕上再次出现了"回答正确"，她开心地和阿亮击掌庆祝，他们和小酷相聚只有一步之遥了！

只剩下最后1道题了，小酷的心里格外地紧张。

3. 请选出观测引力波的正确方式：

A 激光干涉

B 原子钟

C 脉冲星阵列

D 微波背景辐射偏振

E 以上都正确

屏幕上显示的第3道题

"这题，肯定选……"阿亮迅速扫了一眼题目就嚷嚷起来，甜甜及时捂住了他的嘴。答题规则要求独立完成，阿亮差点犯规，他有点后怕。他想说的是"选A"，因为上一题提过"LIGO使用激光干涉的方式观测到了引力波"，说明"激光干涉"

就是观测引力波的正确方式，无非是换了一种表述形式。

小酷完全没有注意到阿亮和甜甜的反应，他眉头微蹙，正仔细回忆着他平时看过的关于引力波的文章。2015年，引力波第一次被直接探测到。之后的2017年8月，天文界的一条新闻再次轰动世界——在某天清晨，美国和欧洲的3个激光干涉引力波天文台都接收到了引力波信号。仅过了大约2秒钟，伽马射线望远镜的研究人员被伽马射线暴监视器的警报声"吵醒"，非常强的检测信号显示，在外太空发生了一起伽马射线暴的天文事件。接着，全球70多个天文观测台被信息分享系统"唤醒"，并指向了同一个区域持续进行观测。爸爸告诉小酷，这标志着多信使天文学的到来，意味着天文学家可以利用多种方式对同一事件进行观测，获得更全面的数据。

"虽然我不知道原子钟、微波辐射背景偏振这些都是什么样的观测方式，但我知道，引力波的观测手段绝不是只有激光干涉这一种，所以我决定碰碰运气，选E。"小酷郑重地按下了E。

屏幕没有出现"回答正确"的字样。

游戏一片寂静，只能听到3个人"扑通扑通"的心跳声。

一个声音响起，带着轻松喜悦，"恭喜你们，通过挑战。接下来，请享受你们的'团聚'之旅。"

随即，3个人身下出现了虚拟的座椅，并被系上了安全带。时间之箭呼啸而来，在他们头顶停住了，座椅"钩"上了时间之箭，小酷没来得及和甜甜他们告别，

时间之剑莫比乌斯

两方就被一股强大的力量拉着向后疾退。

　　小酷发现自己置身于广袤的太空之中，远处群星闪烁，星光此起彼伏。就在不远处，一颗小小的中子星逐渐膨胀，从白色星球变为巨大的红色星球，从中释放出一个个的行星。恒星与行星都逐渐旋转散开，成为微尘与气体，时间在飞快地后退，显示着他们回到1.3亿年前——引力波诞生的时刻。两个小黑洞在互相缠绕旋转，不远处，小酷看到了甜甜和阿亮。

黑洞并合中

　　"阿亮！甜甜！"他挥手高呼飞奔过去，3个小伙伴激动地抱成一团，他们亲眼"目睹"两个黑洞并合为一个更大的黑洞，"感受"到引力波的"震荡"，那种激动的心情久久不能平静。

　　"探索者小队的成员们，恭喜你们成功完成了本学期科学课的所有探险任务！"摘下VR眼镜，映入眼帘的是蒋老师那熟悉的笑容。

　　"蒋老师，下学期我们还能来上科学课吗？"阿亮迫不及待地问。

"当然啦，只要你们喜欢！我们会继续进行探索的。"蒋老师笑眯眯地说。

"那会有别的科目的探索游戏吗？"甜甜提出了更高要求。

"嗯，也不是不可以。"蒋老师卖起了关子。

"蒋老师，关于那道引力波探测的题，我只是凑巧猜对了。我看到资料说，引力波引起的长度变化非常小，相当于质子尺寸的千分之一，这么微小的长度变化用什么尺子来量呢？怎么证明测量到的变化就是引力波引起的呢？怎么排除周围其他震动的干扰呢？"小酷问道。

"好问题！"蒋老师的眼中闪现出光芒，她发现这些学生的学习兴趣、思考深度，远超过她的想象，这令她既兴奋又紧张。她停顿了一下，接着说："本学期最后一堂讨论课，我们就来聊聊引力波吧。我们会讨论它是什么，它是谁提出来的，以及它是怎样被探测到的。"

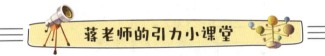

6.1　引力谜题——广义相对论

1781年，威廉·赫歇尔发现了天王星，之后的半个世纪人们持续地观测天王星的运行，发现它绕太阳公转的轨道有点异常，与开普勒行星定律有些偏差。在排除了观测不准确的可能性之后，不少天文学家猜测可能有一颗未知的行星在对天王星施加引力，从而影响了天王星的公转轨道。英国天文学家亚当斯和法国天文学家勒维耶根据牛顿的万有引力定律，计算出了这颗未知大行星的轨道和位置。1846年，柏林天文台的天文学家伽勒根据勒维耶提供的位置，果然看到了一颗暗淡的新行星，它就是海王星。海王星的发现，是牛顿的万有引力定律最辉煌的胜利。

离太阳最近的水星的公转轨道也很离奇。从第谷所处时代（16世纪）积累下来的几百年观测资料表明，水星每绕太阳公转一周，近日点就会稍稍偏移一点，这就是水星近日点的进动。考虑了金星、地球对水星的影响后，科学家们仍然无法完全解释水星的进动。于是勒维耶像预言海王星一样，用万有引力定律计算，推测还有一颗未知的行星在影响水星，并给它起名为"火神星"。然而，半个多世纪过去了，天文学家始终没能找到这颗"火神星"。有人不禁怀疑，牛顿的万有引力定律可能有缺陷。

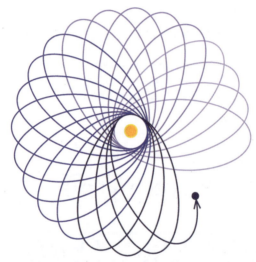

行星轨道进动，指的是行星每完成一圈公转后并不精确地回到原位，
其公转轨道会随着一圈圈公转有所旋转

　　水星的进动问题，暴露了牛顿的万有引力定律的瑕疵。只是万有引力定律取得了众多辉煌的成就，没人敢轻易断言牛顿的万有引力定律是错误的。

　　这里有一些值得读者思考的问题，这些问题是牛顿的万有引力定律无法解答的。

　　☑ 质能方程表明质量是能量的一种表示形式，那么一束光可以和其他有质量的物体相互吸引吗？

　　☑ 当两个物体相对运动时，它们之间的相互作用与它们相对静止时有区别吗？

　　牛顿的万有引力定律最令人质疑的地方在于"引力是超距作用"，也就是说，引力的传递不需要时间，是瞬间发生的。无论相距多远的物体，都能立刻给对方施加作用。爱因斯坦对此不能接受，他试图找到一种方法来精确解释引力的发生。爱因斯坦构建的这套理论框架就是"广义相对论"。

广义相对论认为，所有物体都在被弯曲的时空中运动，而时空如何弯曲，则取决于各种物质和能量当时是如何分布的。

这样一来，行星绕太阳运动不是受超距作用的"力"牵引，而是因为太阳系内的时空网格弯曲以太阳为中心。距离太阳越近的地方，引力场越强。我们不妨把太阳系内的时空简化为一张橡皮膜（简化成二维），任何有一定质量的物体，如太阳、地球，都会在橡皮膜上压出凹陷，形成引力阱。

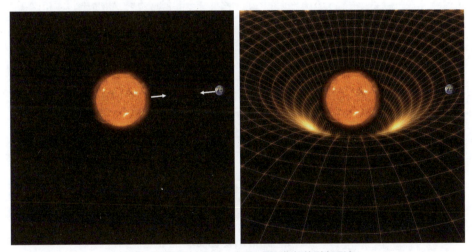

左图，牛顿的引力理论；右图，爱因斯坦的引力理论

从上图（右）中可以看到，在距离太阳比较远，时空网格线比较平直的地方，引力场比较弱，此时牛顿的万有引力定律可以看作广义相对论的近似。例如，地球绕太阳运动、人造卫星的运动、地球上物体的运动，采用这两种方法计算得到的结果都与实际观测相符。但在距离太阳比较近，时空网格线弯曲得厉害的地方，引力场比较强，采用这两种方法计算得到的结果的差异就比较大了。例如，水星

的进动，用广义相对论就能解释得通，而用牛顿的万有引力定律解释则表现得不够完美。

一个更高级的理论，不但要能涵盖旧理论并解释旧理论无法解释的现象，还要能预言新的现象。爱因斯坦提出了两个预言。

☑ 光谱的引力红移、蓝移：光在传播的过程中，如果所处的引力场强度有所变化，光的波长也会随之变化（增加或减少，表现为红移或蓝移）。

☑ 引力场使光线偏转：当光从一个质量很大的天体旁经过时，前进方向将发生微小的偏折。

引力场使光线偏转的预言在几年后就得到了验证。1919年5月29日的一次日全食，月球正好运行到太阳和地球之间，挡住了太阳的光芒，使得我们在"白天"也能看见不少星星。那些挨着太阳的星星，它们发出的光从太阳（一个质量很大的天体）旁边擦过。这是验证广义相对论的绝佳时机。爱丁顿和他的团队观测到这些星星在"天球"上的位置与原有星图有一定的偏差，结果与爱因斯坦的理论预测非常吻合。

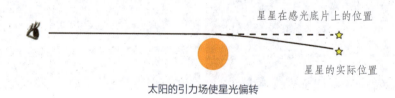

太阳的引力场使星光偏转

除此以外，广义相对论的另一个重要理论就是预言了引力波的存在。既然物质的质量会让时空弯曲，那么如果该物体还在加速运动，时空会怎样呢？爱因斯坦认为，时空的弯曲程度会发生变化，时空会荡起涟漪，以光速向外传播。这种时空涟漪被称为"引力波"。

引力波可以在黑洞相互碰撞、黑洞的潮汐力摧毁中子星等情况下产生。

1974年，美国物理学家拉塞尔·赫尔斯和约瑟夫·泰勒发现了一个脉冲双星系统，并测量了它们的轨道周期，发现它们的周期随着时间的推移而逐渐变短，这是因为该系统在释放引力波的过程中损失了能量，导致双星越靠越近。这是人类第一次间接探测到引力波。**人类第一次直接探测到引力波是在2015年9月14日，LIGO的两个探测器同时探测到了一个短暂的引力波信号。科学家根据这个信号推测，该引力波来自13亿光年外的两个黑洞的并合。**

6.2　引力波探测装置

　　LIGO的探测器由4面镜子组成，每面镜子重40千克，直径为34厘米。这4面镜子分别被放置在两条互相垂直的探测臂上。

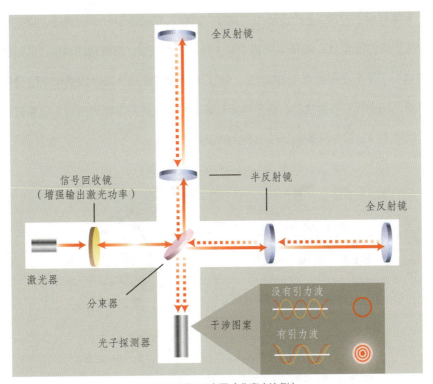

全反射镜

信号回收镜
（增强输出激光功率）

半反射镜

全反射镜

激光器

分束器

光子探测器

干涉图案

没有引力波

有引力波

LIGO探测器示意图（非真实比例）

LIGO的探测器原型来自迈克尔逊干涉仪。激光器发出的激光通过分束器分成两束，调整镜子使光从一个方向来回的时间与另一个方向来回的时间相同，这样两条路径的光发生干涉并相互抵消，光子探测器就接收不到光子信号。LIGO通过测量两个方向互相垂直的光传播所需的时间来测量引力波。当引力波经过探测器时，探测器的臂长会发生变化，光子探测器就会接收到光信号，这就是LIGO的基本原理，即利用激光干涉技术测量镜子的移动。

引力波引起的长度变化非常微小，尽管LIGO的一条探测臂有4千米长，在这4千米范围内，由于引力波引起的变化大约是4×10^{-18}米。为了精确地测量这么短的距离，镜子自身移动的距离不能超过10^{-18}米，而地球的震动范围大约有10^{-6}米，如何减少地球震动的影响呢？这是必须要克服的技术难点。

下图展示了LIGO上的镜子的"减震"方案。它相当于一个四级摆，摆的顶端固定在震动的地面上，40千克的镜子位于单摆的最底端。顶端震动越快，底端的震动就越小（是不是很神奇）。实际上，除了减少地球震动，其他因素带来的噪声也要考虑，如空气分子的扰动、分子热运动等。科学家还在不断地改进实验装置和方法，以提高探测器的分辨率，获得更大的测量范围。

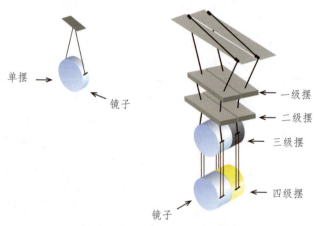

单摆与四级摆减震示意图。为减少震动，四级摆的镜子悬挂于底部

6.3　引力波探测的成果

现在我们知道，探测到引力波是科学家们不懈努力的成果，它不仅代表了科学技术的进步，还给天文学带来了很多惊喜。

双中子星并合事件GW170817是让全球天文学家都很兴奋的一件大事。这次事件引发了一场天文观测的"接力赛"。

2017年8月17日，LIGO和Virgo（位于意大利的室女座引力波天文台，是由法国、意大利发起的欧洲合作项目）的探测器共同接收到了引力波信号（GW170817）。两台探测器的协同合作极大地提高了波源位置的精确度，从而确定了事件发生的位置。大约2秒后，费米伽马射线空间望远镜探测到了一场伽马射线暴，与很多理论模型的预测相符。接下来，全世界的各大探测器和望远镜都指向了天空中的这片区域，其中包括引力波探测器、中微子探测器及红外线、射频、X射线和伽马射线望远镜。记录下的各种类型的信号最终帮助我们复原了这次事件的全貌。

在距地球1.3亿光年的长蛇座NGC4993星系中，两颗中子星相互旋转，越靠越近，最终并合成一个新的天体。这是人类首次观测到双中子星并合事件，它所带来的辐射现象比普通新星亮1000倍，比超新星亮度暗100倍，被称为巨新星或千新星。这种以引力波、电磁波、中微子、宇宙射线等多种信息来源进行协调观测的研究被称为**多信使天文学**，标志着天文学观测进入了多种信息、全球协同合作的时代。

与多波段电磁波探测类似，引力波测量也按不同频率区间进行分类。不同频段的引力波相当于通过不同的滤镜观察宇宙景象。几十到几千赫兹的高频引力波来自剧烈的天体运动，如中子星、恒星级黑洞等致密天体组成的双星系统、超新星爆发等；十万分之一到几赫兹的引力波则来自中等质量黑洞并合；而亿分之一到百万分

之一赫兹的引力波则源自超大质量黑洞并合过程的后期。

频率最低的引力波当属原初引力波。科学家预言，原初引力波来自宇宙大爆炸的初期产生的时空涟漪。由于宇宙持续膨胀的拉伸作用，到现在这些引力波的波长已经与宇宙的尺度相当，大约是10亿光年。如此波长的引力波应该会在宇宙微波背景辐射上留下独特的印记。科学家们正在努力寻找原初引力波的印记。

6.4　结课

说到这里，蒋老师想起了前几天与老同学的闲聊，内容涉及宇宙和引力波等。她的老同学是上海天文台的博士生，他们聊天的内容广泛，科研内容也在其中。这一期社团课程结束后，她就要开启一段期待已久的新旅程了。想到这里，蒋老师的眉目间洋溢着喜悦的神色。孩子们仍然沉浸在对未知的种种想象中，期待着她继续说下去。蒋老师收回思绪，继续讲课。

"科学家们正在努力寻找原初引力波的印记，如果找到，就能验证关于宇宙诞生初期的种种猜测了。"

"蒋老师，科学家们是怎么来寻找这个原初引力波的呢？"阿亮非常迫切地想知道更多的细节。

"抱歉，这个我也不知道。"蒋老师看着阿亮的表情从激动到失望，立刻补充道，"我宣布，这学期的科学社团课结课了，你们都取得了优异的成绩。鉴于你们出色的表现，我将为你们颁发'宇宙探索小先锋'的荣誉证书！"接着，蒋老师变戏法似地拿出了几张精美的卡片，分发到每个人手中。

甜甜接过代表证书的卡片，画面的内容她太熟悉了——伽利略正在用望远镜观察星空。再看其他人手中的卡片，也都是与天文相关的照片，如望远镜和天文摄影作品等。经过一学期的社团学习，他们一一认出了不同的望远镜。

"这是哈勃空间望远镜！"

"这是天眼，是世界上最大的射电望远镜！在贵州。我报名了一个科学游学团，这个假期我就可以见到它了。"

"蒋老师……蒋老师，我的证书的画面怎么是三叶虫化石啊？是不是错把隔壁生物社团证书的混进来了？"一个男生举着卡片大声地说。

蒋老师招呼他到讲台这边来，把卡片展示给所有人看。这个男生正是阿亮。蒋老师介绍说道，"阿亮同学知识面很广啊，这是寒武纪的三叶虫化石，距现在大约5亿年。我想你们和阿亮都有同样的疑惑吧，为什么把三叶虫的图片和望远镜放在一起？"

"科学家通过天文望远镜在某个星球上发现了三叶虫？"

"可能存在长得像三叶虫的外星人？"

同学们立刻七嘴八舌地猜测起来，尤其说到外星人时，就更兴奋了。蒋老师赶紧把大家的话题引导回来，"你们说的都很有意思，但我的意思是，三叶虫和望远镜有一个相似点，看看你们谁能找到？"

课堂立刻恢复了安静，只有一些轻轻的交头接耳声。

"三叶虫生活在寒武纪到二叠纪，它是目前已知最早的具有复眼的生物。"蒋老师提示大家看三叶虫头部的突起，那里是复眼的位置，"在生物演化史上，最有名的一次生命大爆发就发生在寒武纪，生物的多样性出现了前所未有的丰富。而三叶虫的眼睛，正是这场狂热的军备竞赛早期的产物。视力的出现，无论是在躲避猎手，还是在主动猎食方面，都赋予了三叶虫极大的生存优势。"

"你们再看望远镜的镜头，像不像一只只望向天空的眼睛？"

"像！"

"现代的天文望远镜，越来越大了呢！"

大家各自看着手中的望远镜照片，又不约而同地看向蒋老师，"这块三叶虫化石来自云南澄江，那里有保存非常完整的寒武纪早期海洋古生物化石群。下个月我就要去云南天文台读博士了，欢迎大家来云南看星星。"

教室里沸腾了。同学们虽然有些不舍，但还是为老师的新旅程感到开心，所有人都鼓起掌来。

蒋老师示意大家停下，又拿起甜甜手中的卡片说："400年前伽利略制造了一架20倍的天文望远镜，揭开了月球表面的真相，并且发现了木星的卫星。最近的事件视界望远镜，结合通信计算机等交叉科学，把分布在地球上好几个地方的望远镜联合起来，组成了一台相当于地球那么大口径的望远镜，能够给黑洞拍照片。伽利略要是知道了也会感到非常惊奇。如果把宇宙的历史压缩成地球上的一年，人类的文明只占据了'这一年'最后一天的最后几十秒。和宇宙漫长的历史比起来，人类文明的历史如此短暂。但人类也是伟大的，一代又一代人接过前人的接力棒寻找真理，宇宙的真相才一点一点被揭开。最后我想说的是，接力棒已传到我们这代手中，同学们，让我们以饱满的热情、不懈的努力，迎接每一个清晨和黄昏，用智慧和勇气书写属于我们这一代的故事。下课！"

掌声和欢笑声再次回响在整个教室，这掌声既是送给即将开始新征程的蒋老师，也是送给追求真理的每一个人。